滋賀県立大学
環境ブックレット
7

# フィールドワーク心得帖 新版

滋賀県立大学環境フィールドワーク研究会



SUNRISE

滋賀県立大学 環境ブックレット7

# フィールドワーク心得帖［新版］

## 目次

# 1

# フィールドワークとは？

## ―環境問題への現場学習のための道しるべ―

### フィールドワークはなぜ必要か？

大学に入ってフィールドワークを学習すると言われても、あまりピンとこないという人もいるかもしれません。学習と言えば受験勉強で、国数英そして地歴・公民、物理・化学・生物・地学と、入学試験で点を取ることが最大の目標だったのではないでしょうか。もちろん大学でもその延長線上で学問を深めていくという分野もありますが、大学での学習方法は専門によってさまざまです。

環境問題を学ぶ「環境科学」という学問は、比較的新しい専門分野です。高校生までは「環境」や「環境問題」という科目はありませんでしたね。ではどのように新しい「科目」を学習すればよいのでしょうか。

環境問題の学習方法は教室で授業を受けたり、本を読んだりするだけでは身につきません。環境問題が起きている現場を見学し、観察し、そこで知り得たことをまとめて報告するということが必要になってくるのです。でも今まで習ってきていないことに、初めて取り組んでみるというのは不安なのではないかと思います。

そこで環境問題の学び方のひとつとして、フィールドワークという方法があるのです。フィールドワークを日本語に翻訳しようとすると、「野外学習」や「現場実習」、「地域調査」などの言葉が当てはまります。どれも外に出かけて、現地でさまざまなものを見たり、話を聞いたりすることで、情報を集めることになります。

本書では滋賀県立大学環境科学部でフィールドワーク教育に取り組んできた教員が、大学生向けに分かりやすくフィールドワークの方法を記述しています。実践的な方法の解説の前に、もう少し「フィールドワーク」とはどのようなものなのかについて、説明しておきましょう。

## フィールドワークへの土台づくり

フィールドワークなんて習ったことがないと思っているかもしれませんが、高校を卒業するまでの間にも、似たような学習方法は経験してきているはずです。例えば高校生の時に「総合的な学習の時間」で、環境問題や地域問題について学んだ人もいるはずです。教科書で学ぶだけではなく、現場に出て地図を片手に街を歩いたり、地域に詳しい人に話を聞いたりして、学んだ成果を発表するのもフィールドワークです。街を歩くということで、小学生の時に学んだ郷土学習について思い出す人もいるかもしれません。地域の歴史や地理的特徴、産業や生活について学ぶこともフィールドワークにつながります。こうして考えると遠足や修学旅行、社会科見学などもフィールドワークの一環だったということに、気付いてもらえたらと思います。

ただし小学生はともかく、中学生や高校生にしても、なかなかフィールドワークを極めるというわけにはいきません。なにせ現場に出かけるのはわずかの時間だけで、報告の時まではフィールドワークの余韻が残っていたとしても、すぐに中間試験や期末試験あるいは模試や入試という現実が迫ってきます。

ではどんな人がフィールドワークを極め、大学生が取り組むフィールドワークの模範となるのでしょうか。社会人が会社で働いているイメージでは想像できないでしょうが、フィールドワークを生涯の仕事とし、フィールドワークの達人となった人たちもいるのです。

## フィールドワークを実行する意味

そもそもフィールドワークを実行しはじめた意味は、見知らぬ土地の文化や生活、自然環境などを調べて、身近な人たちに教えてあげるということにあったのだと思います。現在では動物園や植物園、水族館に行けば、世界のあらゆる地方の生物を見ることができます。また民族や歴史、自然などさまざまな博物館があり、地球上の膨大な情報を知ることができます。一方で、身近な地域の歴史や文化も都道府県や市区町村単位の公共施設で学べます。

大げさに言えばこうした人類の文明や地球の自然史は、フィールドワークの成果によってもたらされたものなのです。博物学者でもあり地理学者でもあったドイツ人のフンボルトは、19世紀初めにアメリカ大陸の調査旅行によって、植物が各地域の気候や標高によって異なり、類型化できることを明らかにしました。KJ法の創始者であり民族学者あるいは文化人類学者の川喜田二郎は、チベットやネパールの現地調査などから、野外科学という学問分野を提唱し、フィールドワークの方法を確立させていきました。研究者でもある元滋賀県知事の嘉田由紀子は、琵琶湖周辺の農漁村をはじめとした現地調査によって生活環境主義という立場を表明し、環境問題における地域住民の感覚の大切さを語りかけました。多かれ少なかれ、フィールドワークの実践によって、その成果が地域問題や環境問題への解決策としての計画や政策にも反映されているのです。

大学生にはそんな大がかりなフィールドワークなんて、荷が重いという印象を持ったかもしれません。でもフィールドワークの魅力には現場に行って、誰でも経験できるということも含まれているのです。いきなり単独でというのはさすがに無理なので、まずは自分が所属する学科や専門分野の特徴からフィールドワークの利用方法に目を向けてみましょう。

## フィールドワークの利用方法

フンボルトが調べたような植物分布の特徴は、人間の栽培による農作物にも当てはまります。現在、食卓に並ぶ米（稲）やパン（小麦）、野菜や果物はどこから来ているのか。さらにはどこで栽培が始まったのか。そうした疑問は農業や農家へのフィールドワークにつながりますし、各地の食文化や生活様式への興味にもつながるかもしれません。

そうした文化や生活を支える自然環境もさまざまです。氷や雪に覆われているような場所で生活している人もいれば、砂漠での遊牧、熱帯雨林での狩猟や採集、農耕もありますし、魚の捕獲方法や動物の飼育方法にも地域的差異があります。

フィールドワークによって得られる情報は自然環境だけとは限りません。都市を歩くと古い建物や新しい建物、高層建築物や低層住宅などフィールドワークの調査対象はありとあらゆるものが含まれます。当然、人間もその対象となり、祭礼や日常生活、工場での労働や行政施策の決定過程、政治家の選挙運動などもフィールドワークによって調べられてきています。

## 自分なりの考え方―仮説を持とう

とはいえ、フィールドに行けば必ず答えが見つかるというものではありません。自分なりのしっかりとした「ものの見方」がなければ、フィールドに出たとしても、①その場所がどのような「環境」にあるのか認識すること、②本来の環境とは異なることを見つけ出すこと、③異なった原因を考えること、④将来の生活に好ましくない影響がでるかどうか、⑤悪影響を避けるにはどうしたらよいか、などが見えてきません。大事なのは「自分なりの考え方」、つまり仮説を持つことです。仮説としては最初は間違っている場合もありますが、「なぜそうなっているのだろう？　ああでもないこうでもない、でもこうじゃないか」と多面的な見方をしながら批判的検討を繰り返すことで修正しながら答に近づいていきます。「当たり前」のことを疑うことが重要なのです。場合によっては一通りの答はない問題に対しても答を出さなければならない場合もあります。自身の仮説を仲間と議論することで研ぎ澄まされる効果も大きいでしょう。

また、知識があれば物事が見えてくるわけではありません。過去には環境によいとされた知識が、実は別の側面からみると環境によくないということも多々あります。例えば、ケナフという植物は成長が早く、過去には木材パルプに替わる紙の原料として非常に注目されました。しかし、成長が早いがゆえに、土地の栄養分を過剰に吸収してしまい、地力を弱めてしまうということが後にわかりました。この事例のように、当初はよしとされた環境改変が実は環境に悪い影響をもたらすという問題に陥らないためには、絶えずいろいろな角度から仮説を持ち、多面的な見方で検証することが重要です。

フィールドワークで有益な情報を得るためには、このような自分なりの考え方、物事を見る力が問われるのです。

## 環境フィールドワークを学ぶための本書の構成

滋賀県立大学環境科学部では開学以来、環境フィールドワークの授業を開講し、教員一同でその教育方法を作り上げてきました。学生のみなさんによるフィールドワークが実り多いものとなるように、毎年のように授業方法を工夫してきています。すでに学内出版物や書籍によって、フィールドワークの方法を紹介してきたのですが、今回改めて、次世代を担う、より最近の若者たちとしての大学生に使ってもらえるように、フィールドワークの教科書を再編集することになりました。

次章以降では、より具体的なフィールドワークの方法が説明されていきます。簡単に各章とコラムを紹介してみましょう。

２章と３章ではフィールドワークのための準備についての説明です。外に出かけるということもあって、服装や用意するものなど、事前の注意が必要です。現場では多くの人にお世話になるので、無駄のないように下調べも必要でしょう。４章と５章ではフィールドワークの調べ方についての説明です。自分なりの仮説を持つためには、現地についての資料を集めておく必要がありますし、現場で有用な情報を得るためには現地の人へのインタビューが必要になるでしょう。フィールドワークは現場に行って帰ってきたら終了というわけにはいきません。調べたことはみんなの前で発表すべきです。発表方法として、６章と７章では、ポスターとスライドによる説明があります。いわゆるプレゼンテーションの技術を身に付けてください。フィールドワークの結果は文章でまとめることが多いので、最後の８章ではレポートの書き方を説明しています。発表やレポートを準備する時の参考になるように、コラムでは野帳(やちょう)への記録方法や写真（景観・生物）の取り方、図表の作り方も加えました。

さあ、フィールドワークを学ぶ心の準備はできましたか。みなさんによるフィールドワークの実践を現場が待っています。

（香川雄一・林宰司）

赤瀬川原平・藤森照信・南伸坊編（1993）『路上観察学入門』筑摩書房.
石　弘之（1988）『地球環境報告』岩波書店.
石　弘之（1998）『地球環境報告Ⅱ』岩波書店.
市川健夫（1994）『フィールドワーク入門』古今書院.
嘉田由紀子語り／古谷桂信構成（2008）『生活環境主義でいこう！』岩波書店.
川喜田二郎（1973）『野外科学の方法』中央公論社.
佐藤郁哉（1992）『フィールドワーク』新曜社.
滋賀県立大学環境科学部（2003）『滋賀県立大学環境科学部年報　第７号　特集：環境フィールドワーク』滋賀県立大学.
滋賀県立大学環境フィールドワーク研究会編（2007）『琵琶湖発　環境フィールドワークのすすめ』昭和堂.
滋賀県立大学環境フィールドワーク研究会編（2009）『フィールドワーク心得帖（上）』サンライズ出版.
椎野若菜・白石壮一郎編（2014）『フィールドに入る』古今書院.
須藤健一編（1996）『フィールドワークを歩く―文科系研究者の知識と経験―』嵯峨野書院.
手塚　章編（1991）『地理学の古典』古今書院.
中尾佐助（1966）『栽培植物と農耕の起源』岩波書店.
藤岡達也編著（2006）『地域環境教育を主題とした「総合学習」の展開』協同出版.
沼田　真（1994）『自然保護という思想』岩波書店.
吉本哲郎（2008）『地元学をはじめよう』岩波書店.

# 2

# 野外調査の準備

## フィールドワークへ出かける前に

フィールドワークに出かけるとき、第一にしなければならないことは、何を知るためにそこへ行くのかを明確にすることです。何となく自然を観察するというような漠然とした目的でフィールドワークに望むのはよくありません。例えば、「田園地帯に特徴的な生物はいるのか」、あるいは「河川上流部、中流部そして下流部に生息する水生昆虫の群集組成は異なっているのか」、といった具体的な疑問を持って望むことが大切です。出かける前には、それらの疑問を解決するために必要な資料および文献を探して、十分な情報を入手・整理しておきます。そうすることで、実際にフィールドワークに出かけたとき何を観なければならないか、そのためには何を事前に調べておかなければならいか、といった具体的な準備をすることができます。

さて、野外調査へ出かけるときには、その調査内容にあった服装と携行品を用意する必要があります。ここからは、基本の服装、持って行くべき、そして持って行くと便利な携行品について説明します。最後に、調査の際に知っておかなければならない天気に関する注意事項についても解説しておきますから役立ててください。

表1　フィールドワークでの携行品

| 携行品 | 備考 |
|---|---|
| 野帳 | |
| 筆記具 | 鉛筆、油性ペンなど |
| ハサミ | |
| ナイフ | |
| 地図 | |
| 方位磁石 | |
| 図鑑 | フィールド図鑑も数多く出回っているので、それらを利用するとよい |
| デジタルカメラ | |
| 採集器具 | 捕虫網、投網、タモ網、スコップなど |
| 試料瓶あるいはビニール袋 | 採集物を入れる |
| クーラーボックス | 夏の調査にあれば便利 |
| 日焼け止めクリーム | |
| 虫除け薬 | |
| 軍手 | |

図1　フィールドワークでの服装と携行品

## 服装は動きやすく身軽なものを

フィールドワークをおこなうときは、動きやすく、できるだけ身軽な服装を心がけることが重要です。特に、野外観察においては、長時間、悪路を歩いても疲れにくい装備を選ぶことが大切です。

それでは、まず春から秋に野山や河原で自然観察をおこなうときの服装から説明します（図１）。シャツは動きやすく、体を締め付けることのない長袖のものを選びましょう。林や河川敷で藪の中を歩くときに袖のないシャツを着ていると、露出している肌を傷つけることになりますし、ヒルやダニに付かれる可能性も高くなります。少々暑い日でも長袖を着るように心がけましょう。日差しの強い日だと日焼け防止にも役立ちます。少し肌寒いと感じる日には、上着を持って行きます。薄手のジャンパーかウインドブレーカーが適当です。下着は、長時間山道を歩いて汗をかくようなときには、木綿ではなくポリエステル素材のものを選びましょう。木綿素材は汗を吸ってくれますが、湿ると乾きにくいため、汗をかいた後、体から体温を奪ってしまいます。ポリエステル素材だと汗を吸いませんから、下着が湿ることもなく、体が冷えるのを防いでくれます。

図2　ウェーダー（胴付長靴）とライフジャケットとツバ広帽子

ズボンもあまり締め付けないゆったりしたものを選びましょう。シャツと同じ理由で夏でも半ズボンは禁物です。靴は足にぴったりあったものを選びます。大きすぎるものや小さすぎるものは疲れる原因になりますし、長時間歩くことができません。そして、通気性が良くて、厚いゴム底のものを選ぶのがよいでしょう。革靴のように底に凹凸の少ない靴やサンダルやパンプスといった素肌が露出して足がしっかり固定されないものは選ばないでください。これらの靴では悪路を歩くことができません。底の薄い靴は木の切り株やガラスの破片など鋭利な先端を持ったゴミがあった場合にけがをすることがあり危険です。

河原や池へ観察に出かけるときには長靴があると便利です。足元が濡れることを心配しなくてよいので、少し深みの川底などをのぞきこむことができます。たとえ暑い時でも、裸足で川に入るのは、けがをするおそれがありますのでやめましょう。腰下くらいの深みに入りたいときは「胴長」あるいは「ウエーダー」と呼ばれる胸まである丈の長い長靴を履きます（図２）。ただし、必ず腰の位置でベルトをきつく締めてください。もし、水の中で転倒したとき、胴長に水が侵入して水の重さで起き上がれなくなってしまうかもしれません。最悪の場合、おぼれてしまうこともあるので十分に注意します。深い場所に入るときには必ずライフジャケット（図２）を着用するようにしてください。

日差しの強い日には無帽だと日射病になることもありますから、適当な帽子をかぶるようにしてください。日差しを遮るという観点に立てば、野球帽よりも麦藁帽子のような広いツバが付いている帽子の方がよいでしょう（図２）。さらに、表面に撥水（はっすい）加工が施されているものだと雨の日にも便利です。このような帽子だと雨を避けながら視界を確保することができるので安全です。

雨の日、あるいは雨が降りそうなときには雨合羽（あまがっぱ）を用意します。傘は片方の手をふさいでしまいますからお勧めできません。両方の手が自由になる雨合羽を持って行きましょう。最近は通気性のよい素材でできているものがありますから、よいものを選べば雨の日も快適にフィールドワークをこなすことができます。必ず、上着とズボンが別々になったセパレートタイプの雨合羽を選ぶようにしてください。ポンチョタイプは、特に風の強い日には雨風をうまくしのぐことができませんから、野外調査の際には、決して選ばないようにしましょう。

真冬に野外調査をするときは、十分な防寒対策が不可欠です。しかし、あまり重ね着しすぎるのはよくありません。動きづらくて、行動が制限されてしまいます。ダウンなど保温効果の高い素材で造られた防寒用の上着を着用するようにしましょう。風を通さない素材で造られていることも選ぶときの重要なポイントです。寒くても動くと汗をかくものです。下着はやはりポリエステル素材がお勧めです。足元が冷えると保温効果も下がりますから、ズボン下もはきましょう。最近は、保温タイツのよいものが各種そろっていますから自分にあったものを選びましょう。帽子は保温効果を高めます。耳まで隠れるものを着用しましょう。手袋は必ずします。ポケットに手を入れていては活動が制限されてしまいますし、転倒したときに危険です。

## 基本的な携行品はハイキングと同じ

次に、野外調査に行くときに持って行くものについて説明します。観察する対象によって持って行くものの内容はずいぶん異なります。しかし、共通するものは、観察したことを書き留めておくための野帳（フィールドノート）と筆記具、それから地図や方位磁石といった通常ハイキングやトレッキングに行くときの必需品と同じです（表1、図1）。日差しの強い日に長時間、野外調査をするときには日焼け予防に日焼け止めクリームを、また藪の中など虫の多いところへ行くときには虫除け薬なども持って行くとよいでしょう。ちょっとしたけがや靴ずれ対策には絆創膏を数枚用意しておくことを勧めます。虫や植物などには毒を持っているものがあります。不用意に素手で触れるとかぶれることがありますから注意しなければなりません。軍手など適当な手袋を着用してから触りましょう。

野帳は撥水加工の施したものを購入すると便利です。水に濡れて

表2　フィールドワークのとき，あると便利なスマートフォンアプリ

| 種類 | 名称 | スマーフォン種類 | 内容 |
|---|---|---|---|
| GPSロガー | GPS-Trk2 | iPhone | 起動してGPS計測を実行すると、自動的に移動した軌跡を一定距離あるいは一定時間毎に記録し、後でマップ上に移動軌跡をプロットすることができる。スマートフォンのGPSロガーとしては最も高機能。【有料】 |
| GPSロガー | Ryotei | iPhone | GPS-Trk2とほぼ同じ。一定距離を移動する毎に記録するように設定できる。【有料】 |
| GPSロガー | やまログ | iPhone | GPS-Trk2とほぼ同じ。一定距離を移動する毎に記録するように設定できる。国土地理院の電子国土基本図を利用できる。【無料】 |
| GPSロガー | Mytracks | Android | GPS-Trk2とほぼ同じ。【無料】 |
| GPSロガー | 山旅ロガー | Android | 山歩きやトレッキング用のGPSロガー。有料版は別途、地図アプリの地図ロイドで電子地形図に軌跡ルートを表示させることができる。【無料＆有料】 |
| 地図 | 地図ロイド | Android | 国土地理院の電子地形図を閲覧するアプリ。地図をSDカードに保存してオフライン地図として利用できる。山旅ロガーとは別にインストールする。【無料】 |
| 写真、ジオタグ[注1)] | koredoko | iPhone | iPhoneで撮影した写真に記録されたジオタグを読み込み、地図上に表示するアプリ。写真を撮影した場所の緯度経度を知ることができる。【無料】 |
| 写真、ジオタグ | ジオタグ管理 | Android | 撮影した写真のジオタグ情報を管理することができる。写真一覧から選んだ写真のジオタグ情報を読み込み、撮影場所をマップに表示することができる。【無料】 |

も書き込むことができ、記録した文字などがにじんで見えなくなったり、紙が破れてしまうこともありません。濡れていても書けるので筆記具には鉛筆がお勧めです。ビニール袋などに書き込むために油性ペンもあるとよいでしょう。最近では小型で高性能の各種デジタルカメラがありますし、スマートフォンに付属のカメラもほとんどが高解像度のものになりつつあります。野外観察で見つけた花や昆虫などを記録するために利用しましょう。山や河原では自分の位置を知ることが重要です。国土地理院が発行している５万分の１か２万5000分の１の地形図を持って行くと便利です。プラスティック製のマップケースに入れて持って行くと雨が降っても破れたりしなくて安心です。また、最近のスマートフォンのアプリケーションには地図ソフトや自分の移動軌跡を記録してくれるソフト（GPSロガー）があります。これらを活用すると、フィールドワークで移動した経路を詳細に記録することが可能です（表２）。

この他、動植物を観察する際には、それらを同定するための図鑑、細部を観察するためのルーペ、遠くにいる鳥やサルなどを観察するための双眼鏡などがあると便利です。メジャーがあると、大きさや距離などを数値として記録することができます。例えば、河原の草丈や樹木の太さを測定したいとき、メジャーがあれば便利です。

図鑑を持って行けない、あるいは現地で観察するのが困難な場合は、持ち帰って調べます[注2)]。こんなときには採集器具や採集した動植物を持ち帰るための容器を持って行く必要があります。昆虫を採集するには柄付きの捕虫網が必要です。魚を採集するには投網かタモ網を持って行きます。植物を採集したいときにはスコップがあると便利です。これら採集物を持ち帰るには、その大きさに合った試料瓶かビニール袋があればよいでしょう。最近はホームセンターに行けば、いろいろなサイズのガラス製あるいはプラスティック製の瓶やビニール袋が入手できますから、自分の用途にあったものをあらかじめ購入しておきます。

ただし、生きたまま持ち帰りたいときは注意が必要です。特に、気温の高い日は、採集した生物が持ち帰るまでの間に容器の中で死んで腐敗してしまうかもしれません。こんなときには、適当な大きさのクーラーボックスを持って行くとよいでしょう。出かけるときに保冷剤を適当量入れておけばその日の夕方までは冷やしておくことができます。もし、保冷剤を忘れてしまったら、コンビニエンスストアに立ち寄って氷を１～２袋購入すれば十分です。

さあ、それではこれらの携行品を持って自然観察に出かけましょう。これらの品はタオルや弁当と一緒にリュックに入れて背負って行くのがよいでしょう。カメラや野帳など頻繁に出し入れしなければならないものはウエストバッグに入れて持って行くと便利です。

暑い日には必ず水かお茶を携帯します。水分をとらずに長時間歩くと熱中症になってしまう危険がありますから注意してください。

## 悪天候にはどう対応するか

野外調査はいつも晴天時におこなうとは限りません。通常、少々の雨、風、雪でフィールドワークを中止にすることはありませんから、それらの状況に対応できるような心がけで望むことが大切です。まず、調査に先立って天気予報に注意します。最近の局地的な天気予報は的中率が高いので、調査前日は必ず天気予報を見るようにします。また、インターネットを使えばさらに便利に天気予報をチェックすることができます。気象庁が提供しているサイト（http://www.jma.go.jp/jp/yoho/）にはさまざまな気象情報や予報が掲載されていてとても参考になりますが、民間が提供しているサイト、Yahoo! Japan 天気・災害（http://weather.yahoo.co.jp/weather/）やウェザーニュース（http://weathernews.jp）などは分かりやすくて便利です。特に、気象レーダーによる雨雲の情報を見ることで、数十分先に雨が降るかどうかを予測することが可能です。また、全国に約1300ヶ所設置されている地域気象観測システム（アメダス）の観測データは調査地の気象状況を時間毎に知らせてくれます。これらのデータを見ることで直近の天気を自ら予測することが可能です。

実際にフィールドに出た後は、天気を読むことが大切になってきます。天気予報で「大気の状態が不安定」と予報されているときには特に注意が必要となります。このような日には局地的に積乱雲が発達して、ときにはゲリラ豪雨をもたらすこともあります。野外に出て雨風をしのぐことができないような場所にいるときは、常に、雲の動きや風の向きに注意を払うようにします。辺りが急速に暗くなってきたら、上空に厚い積乱雲が発達してきた証拠です。すぐにも強い雨風がやってくる可能性が高いと思って行動しましょう。こんな時、躊躇は禁物です。すぐに雨合羽を着て雨宿りできそうなところへ移動を開始してください。

積乱雲が近づいてきたときには、落雷にも注意します。遠くで雷鳴が聞こえたら、すぐに避難する準備をしましょう。雷雲は想像以上の速さで近づいてきますから、気がついたときには真上で雷鳴を聞くことになります。もし、そんな状況になってしまったら、すぐに近くにある建物の中、あるいは車やバスなど乗り物のなかに逃げ込んでください。落雷があっても、電気は建物の壁や車体を通して地面へ流れるので心配ありません。ただし、このとき建物の壁、自動車のハンドルや車体に触れていると、それらを通して電流が流れてしまう危険があるので、壁や車体には絶対に触れないでおきます。

雷は高い位置にあるものに落ちる傾向があります。田んぼの真ん中のような、何もないひらけた場所にいれば、あなたの頭のてっぺんに落ちる確率が高くなります。金属を持っていると危ないというのは迷信ですから、慌てて金物を捨てる必要はありません。そのような場所にいて運悪く雷雲に遭遇してしまったときは、膝を抱えてしゃがみ込んでください。落雷時の電流は地面を伝って流れます。低くなろうとして寝そべってしまうと、全身に電流が流れてしまうかもしれませんから、決して接地面を大きくしないようにしてください。気象庁の雷ナウキャスト（http://www.jma.go.jp/jma/kishou/know/toppuu/thunder2-1.html）が参考になります。

（伴修平）

**注1）** ジオタグとは、スマートフォンなどGPS機能の付いたカメラで写真を撮影した

ときに映像と一緒に保存される位置情報（緯度、経度）。

**注2）** 場所によっては、動植物の採集に制限があるところがあるので注意してください。特に、植物の場合は採集が禁じられている場所もあります。よく調べてから出かけましょう。

# 3

# 社会・コミュニティの調査の準備

## なぜ社会（人間）の調査をするのか

「環境問題に取り組むのに、なぜ社会（人間）の調査をするのだろう？」と感じる人もいるかもしれません。しかし、環境問題は自然が「勝手に」「悪化」した結果、出てきたものではありません。環境を改変し、ダメージを与えてきたのは人間です。それを「環境が悪くなった」と評価して、問題にするのも人間なのです。環境問題というのは、人間、とりわけ人間が集まる社会の作用から出てきたものですから、環境問題解決のためには社会を調査する意義があります。

人間社会といってもさまざまな集まりがあり、家族のような親密な集まりから、会社のように営利目的のために一緒にいる集まりもあります。そのいずれも環境問題に関わっているのですが、環境フィールドワークで重視すべきは、特に、コミュニティ（community：和訳「共同体」）と呼ばれる人の集まりです。コミュニティとは、「同じ地域に居住して利害を共にし、政治・経済・風俗などにおいて深く結びついている人々の集まり（社会）のこと」です。このようなコミュニティによる環境保全の取り組みや維持・管理のためのルールに触れることを通じて、人間と自然との関わりのあり方、今そこで課題になっていることについて理解を深めることが社会・コミュニティの調査の目的です。

自然観察を行う際には、天候や季節などに応じた服装などに気をつける必要がありましたが、社会・コミュニティの調査では、事前の資料分析による仮説作りと調査計画が重要であるとともに、会社や役所、あるいは一般家庭への訪問とインタビューが主なフィールドワークとなりますから、訪問する場所、インタビューをする方の職場や役職にあわせた服装や気配りが必要になります。

### 資料分析による仮説作りと調査計画

テーマを決めただけで現場に出かけていっても、調査はうまくいきません。事前の資料の分析と仮説作りが重要です（資料収集については第４章を参照）。「仮説」とは、資料収集の結果出てきた「調べること」について、あらかじめ仮の答えを準備することです。その上で、「分からないこと」「知りたいこと」をフィールドで発見するために、どこで何を見、誰に何を聞くかという調査計画を立てるのです。仮の答えをあらかじめ準備して、それが正しいかどうかを確かめる目線で現場に出かければ、現場でそれが間違っていた場合にも、別の可能性を考える作業に入ることができます。何の仮の答えも準備することなく現場に出かける場合と違い、仮説があれば、１度の訪問でも、より説得力のある別の答えに出会う「現場での思考力」が使われるのです。人にインタビューを実施する場合の質問項目を決めるときにも仮説に基づく設計が必要になります[注1)]。

### 訪問相手や周囲の人たちにあわせた服装を

社会・コミュニティの調査では、調査の時間、場所、場合によって服装を使い分ける必要があります。例えば、市役所のような官公庁や企業のような組織を訪問する場合には、社長や役員など上位の役職の人と会うことも考えられます。そうした調査では、ジーンズやジャンパーなどの着用は、ふさわしくありません。自分にとっての動きやすさ、身軽さよりも、訪問相手や周囲の人たちにあわせた服装を選ぶことが大切です。例えば、会社や役所では、スーツにネクタイというフォーマルな服装をしている人がほとんどです。そのような場合には、同じようにフォーマルな服装をするほうが望ましいということになります。決まったルールはありませんが、役所で窓口の職員に話を聞くような場合には、もう少しくだけた服装でも構いません。街なかで商店の人や住民に話を聞く場合には、失礼にならない程度の普段着を選びましょう。フォーマルな服装はかえって不自然な印象を与える場合があるので避けるべきです。例えば、自宅の玄関の前にフォーマルな服装の訪問者が突然現れたらどうでしょう。「何かのセールスかしら」、あるいは「事件ですか」と警戒されて、調査に支障が生じるかもしれません。運よくインタビューすることができても堅苦しい雰囲気になり、相手の人が心地よく話せなくなる可能性が高くなります。

大学で行うフィールドワークの授業では、住宅街や街なかを大人数で調査することもあるでしょう。このような場合には、自分の所属と氏名を書いた名札を準備して、常に身につけておくようにします。調査対象の地域やコミュニティの人たちからみて調査者は異質なよそ者です。どこの誰なのかわからない人たちが大勢で、自分たちの日常生活の場に入ってきたらどんな風に感じるでしょうか。「あの人たちは、大勢で何をしているのだろう」と怪しまれてしまうかもしれません。そのような不安な気持ちにさせられることを「迷惑だ」と感じる人もいるでしょう。所属と氏名が書かれた名札を身につけていれば、周囲の人たちに怪しまれることもなくなり、取材への理解も得やすくなります。

また、雨天への対策ですが、自然の調査の時のように、必ず雨合羽の方がよい、ということはありません。屋内での調査が主となる場合や、当日の服装からみて雨合羽が不釣り合いになる場合には、傘で代用して構いません。しかし、傘だと片手が塞がってしまいますので、椅子と机がないような場面での取材が想定される調査ではメモが取りづらくなります。そのような調査が想定される場合には、服装と多少不釣り合いでも両手を自由に使える雨合羽を選びましょう。

カバンについても同様です。両手が使えて重量の軽いポリエステル製のリュックサックなどが望ましい場合が多いですが、例えば、スーツと組み合わせてリュックサックを背負うという組み合わせはそれほど一般的ではありません。当日の服装と場所、場合にあわせた選択をしてください。

### 携行品について

社会・コミュニティの調査に際しては、野帳と筆記用具の他に、けがなどの事故時の対応や身分証明に役立つ保険証や学生証、そして名刺を持って行きましょう。最近は、名刺も文具店などで名刺ラベルを購入して、パソコンとプリンターを用いて自分で作成することができます。文書作成用のソフトウェアで作るのもよいですが、名刺ラベルを販売している会社のインターネットサイト（例えば、ラベル屋さん http://www.labelyasan.com/）で無料の名刺作成ソフトをダウンロードして活用すると便利です。

インタビューをする時には、その記録（組織・肩書き、名前も含む）も取りましょう。すべての内容を手書きで記録することは難しいので、相手からの許可が得られる場合は、音声録音機（ボイスレコーダー）を利用すると調査の助けになります。１万円程度で販売されているものが多いですが、3000円程度のものも入手可能です。スマートフォンのアプリケーションにもボイスレコーダーにあたる機能をもつものがありますので（例えば、iPhoneの場合は標準搭載のボイスメモ、Androidの場合はスーパーボイスレコーダーなど）、それを活用してもよいでしょう。

街歩き調査を行う場合には、地図、カメラも必須です。インタビューと併せて建築物や構造物の調査を行う場合にはコンベックス（メジャーテープ）も必要になります。

調査対象者があらかじめ決まっている場合には、訪問先にお菓子など、ちょっとしたお土産を持っていくとよいかもしれません。高価なものを用意する必要はありません。取材に協力してもらったことへの感謝の気持ちを示すのにふさわしい品を選びましょう。遠方へ調査に出かける場合には、地元の名産品なども喜ばれるもののひとつです。

グループで調査を行う場合には、調査目的に合わせた必要なものについてしっかりと打ち合わせをして、誰が持参するのか決めておきましょう。

## アポイントメント（面会の約束）の取り方

取材のために誰かと会う場合は、原則としてアポイントメント（面会の約束、アポイント、アポ）を取ります。官公庁のように、業務時間内なら必ず誰かが対応してくれるところでも、必ずしも、こちらが知りたいことに詳しい担当者がいるとは限りません。そのような場合、せっかく訪問したのに、取材できることが限られてしまいます。

【依頼文の例】

平成○年○月○日

○○市 環境政策課　ご担当様 御中

○○大学環境科学部
1回生　県大太郎

ヒアリングのお願い

貴下ますますご清栄のこととお喜び申し上げます。私は、○○大学環境科学部で環境政策を勉強しており、自治体の廃棄物政策について研究しております。
廃棄物の分別に関しては、市民の協力が不可欠ですが、実効性のある分別方法を地域性をふまえて展開していくために、どのような内容と方法が有効なのか、そのために自治体としてどのような仕組みづくりをすすめておられるのか、そこで課題となっているのはどのようなことか、について、貴自治体にお尋ねしたく、突然ではございますがご連絡差し上げました。具体的には、以下の3点についてお尋ねしたく存じます。

1．地域特性をふまえた分別方法や回収システムの運営に対する貴自治体の姿勢・戦略
2．○○制度改正後の回収サービスの現状
3．リサイクルセンターの運営状況
（さらに詳しく調査項目が決まっている場合は、別紙にまとめる。）

つきましては、貴自治体の廃棄物政策担当の方にヒアリングをさせていただきたく、お願い申し上げます。
ご多忙中、誠に恐縮ではございますが、ヒアリングの趣旨をご理解くださり、ご協力下さいますよう、何卒よろしくお願い申し上げます。
ヒアリングの可否および、ご不明な点等については、下記までご連絡をお願いいたします。

〈連絡先〉
○○大学環境科学部　県大太郎
（電話番号、電子メールアドレス、FAX番号など）

「先に約束をとっておいてくれればよかったのに」と言われることがないように、あらかじめ訪問したい組織や人が決まっている場合には、アポイントメントを取っておきましょう。

まず手紙か電子メール（手紙の方がより丁寧です）で「取材をしたいのでアポイントメントを取らせていただきたい」という希望を伝えましょう（**依頼文の例**を参照）。その際、自己紹介をすることはもちろんですが、3～4行程度で構わないので、本文の中で自分が取材したい事柄の概要を説明するようにしてください。アポイントメントの依頼への返信をもらうには、自分が何に関心を持ってお願いしているのかを、相手に理解してもらう必要があります。もちろん、文献などの資料検索で知りうる内容は調べた上で、あらかじめ知って

おく必要があります(資料収集の仕方については第4章を参照)。さらに可能なら、なぜ、その人、あるいは、その組織を取材対象に選んだのか、理由を説明しておくとよいでしょう。「それなら自分が適任だ」と先方が納得すれば、取材に協力してもらえる可能性が高くなります。それから、メールを送る時には、自分の所属と氏名、連絡先(メールアドレス、電話番号、あればFAX番号など)を記載した署名をつけましょう。メールがどこの誰から届いたものなのかを伝える情報になりますし、先方から連絡がある場合にもやりとりがスムーズになります。なお、メールを送ってから、しばらく経っても返事がなければ、直接電話をかけて様子を伺ってみても構いません。無事返信があり「取材を受ける」といった承諾をもらえたら、先方の都合とこちらの都合のあう日時と場所を調整していきます。待ち合わせ場所を決める際には、その場所の詳細の確認を忘れないようにしましょう。建物の名前や部屋番号まできちんと確認しておくと、当日の待ち合わせでの行き違いを防げます。

直接電話をかけてアポイントメントを取る場合も、手順は同じです。また、電話をかけた時に取材を申し込みたい人が不在なら、その人がいつ頃戻ってきて電話に出てもらえるのかを確認して、再度かけ直しましょう。それから、話がスムーズに進めば、そのままアポイントメントの日時と場所を決めることになるかもしれません。メールの場合と違って、電話では、先方とのコミュニケーションに時間差がないので、落ち着いて対応できるように、電話をする前に手元に自分のスケジュールが記載された手帳とメモ用紙と筆記用具を準備しておきましょう。自分の都合のつく日時が限られている場合には、あらかじめ候補日を紙に書き出しておくと慌てずに済みます。それから、最後に自分の氏名と連絡先(電話番号、メールアドレス、

FAX 番号など）を先方に伝えておきましょう。アポイントメントの日時や場所を変更する場合に、先方からこちらに連絡をとる必要が出てくるかもしれないからです。相手のメールアドレスが不明なら、この段階で念のために確認しておくことが望ましいです。どこまで情報を提供してもらえるかによりますが、連絡のつく手段は多い方がいろいろと便利です。

アポイントメントが取れたら、こちらが取材する内容を質問票にまとめてあらかじめ送っておきましょう。こちらが聞きたい内容をあらかじめ理解してもらうことで、当日の取材がスムーズに進みます。先にこちらの知りたいことを伝えておくと、こちらにとって有用だと思われる資料を相手が見繕って準備してくれる場合もあります。質問票は、相手のメールアドレスが分かる場合にはメールの添付ファイルで送っておくとよいでしょう。また、住所しかわからないという場合には、印刷して、事前に届くように早めに郵送しておきましょう。

## 社会・コミュニティ調査の面白みと注意点

自然の調査よりも緩くみえるかもしれませんが、社会・コミュニティの調査も結構大変なものです。現地に行ってみたら、急にインタビューを断られてしまった、自然保護活動だと思って見に行ったらなぜか自然にダメージになることをしていたなど、自然調査にはない苦労も多いでしょう。人や社会は、私たちの想像を超えて思いがけない動きをとるので、そのひとつひとつの結果を「想定外」のノイズと捉えて、怒ったり悲しんだり落胆していたらきりがありません。

社会・コミュニティの調査で大切なのは、想定外の状況を驚きや発見と捉えて、その思いもかけないことがどうして起きたのかを様々な面から検証して考えてみることです。そうすると、「調査以前に自分の中で出来上がってしまっていた思考の枠組みが、自らの目で見て感じとっている現実によって新たに組み替えられる経験」(中川2007：15)といわれるものが訪れるはずです。それがこの調査の面白みでもあります。

さまざまな面白さをもつ社会・コミュニティの調査ですが、対象地にお住まいの方々にとって皆さんは「よそ者」であることをくれぐれも忘れないようにしましょう。調査中は名前カードを必ず身に着け、声をかけられたら自分の名前や所属、それに調査の趣旨を丁寧に説明しましょう。また、調査前に、対象地に居住する人たちのプライバシーやデータ提供者の個人情報保護などについて学んでおくことを忘れないようにしましょう。現地で写真撮影をする際、許可を得られていない場合には、人物が特定されるような撮影をしない、私有地の中にカメラを向けないといった配慮が必要です。また、データの提供を受ける場合には、それがどの程度公表可能なものであるのかを確認しておくことが大切です。このようなプライバシーや個人情報保護について、しっかり身につけてから調査に出かけるようにしましょう。

- 調査中は名前カードを身に付け、所属を明らかにする
- プライバシーや個人情報保護に留意する
- データ取得時に、どこまで公表してよいか確認する

（小野奈々・林宰司・村上修一）

**注1）** 質問内容を事前に準備せず、被面接者の反応をみながら自由に質問を方向づけて、さまざまなデータを収集することにより仮説を生みだすインタビュー形式(非構造化インタビュー、インフォーマル・インタビュー)もあります。その場合、

現地に繰り返し足を運ぶなどが必要になる場合もあります。紙幅の都合上、ここでは説明を割愛しますが、気になる人は調べてみましょう（例えば、佐藤, 2002などを参照）。

中川秀一（2007）村落の地域調査　変わりゆく風景のなかで，梶田真・仁平尊明・加藤政洋『地域調査ことはじめ』ナカニシヤ出版，pp.13-15.

佐藤郁哉（2002）聞き取りをする――「面接」と「問わず語り」のあいだ，佐藤郁哉『フィールドワークの技法　問いを育てる、仮説をきたえる』新曜社，pp.219-282.

## コラム１　野帳への記録

フィールドワークの際に最も大切なのは野帳（やちょう）への記録です。記憶は時間の経過とともに薄れて間違ったものになってゆきます。せっかく撮った写真も、いつ、何の目的で撮影したのかを記録しておかないと忘れてしまうものです。ですから、必ず、見たこと、聞いたこと、感じたことをその場所と日時と一緒に詳細に記録するように心がけましょう。

フィールドワークは雨の日でも実施しなければなりません。したがって、野帳は必ず耐水性のものを用いるようにしてください（例えば、コクヨのレベルブック）。このような野帳だと、たとえ川や水たまりに落としても破れて内容が消失してしまうようなことにはなりません。水性インクのペンは絶対に使ってはいけません。鉛筆、できれば消しゴム付のものを使ってください。間違ってもすぐに消せるし、水に濡れていても書くことができます。細すぎるシャープペンシルは、水に濡れたときに紙を破ってしまうかもしれないので推奨できません。

さて、調査に出かけるときには、まず野帳にその目的を書き込みましょう（例えば、「愛知川上流の田園地帯を見に行く」）。図１の例を参照してください。出発時間と出発地（例えば、13:10、滋賀県立大学バス停前出発）から記録を始めます。天気も記録するとよいでしょう。最初の目的地に到着したら、到着時間とその目的地の名称を記録します。その後、そこでのフィールドワークについて、それぞれの目的に合わせて入手した情報を、だいたいの時間ごと

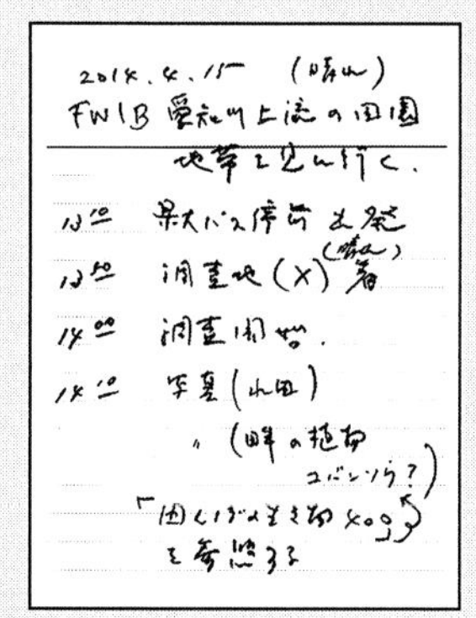


図１　野帳への記録例

に、できるだけ多く記録します。これは、一言一句漏らすことなく記述するという意味ではありません。自分にしか分からない符号でもよいので、何でも書き留めておくことが大切です。ただし、帰宅後、その日のうちに別のノートかパソコンに清書して、誰が読んでも分かる文章にして保存してください。

ある区切られた地域を調査する場合などは、野帳に簡単な地図と調査経路を書き留めることも大切です。観察した草花や昆虫などのスケッチを残すのもよいでしょう。心に残ったこと、漠然とした感想なども残しておくと、読み返したときに調査時の状況を思い出す助けになるかもしれません。

新しい情報は必ず時間と一緒に記録するようにします。まず時間を記入し、その後に出来事を記述するようにすると、後から読み返したときに、時間軸に沿って自分の行動と情報を追跡することができてとても便利です（図１）。自分の位置を時間軸に沿って記録してくれるスマートフォンアプリ（第２章、野外調査の準備、P.17参照）と合わせて利用するとさらに詳細な記録をとることができます。

**野帳に記録する項目（例）**

1）調査の目的
2）出発地とその時間、およびその時の天気
3）最初の目的地と到着時間、およびその時の天気
4）フィールドワークで入手した情報
5）写真を撮った場所、目的などを記録
6）自然観察の記録（見つけた草花、昆虫など）
………
7）帰着時間、およびその時の天気など

（伴修平）

# 4

# 資料収集の仕方

## フィールドワークにおける資料収集の意義

フィールドワークでは、事前の資料収集が必要不可欠です。現地に行く前に、調査地域の地理や統計的な概況を把握し、調査対象に対する知識を蓄えなければなりません。「テーマが決まったからとにかくフィールドに行ってみよう」と下調べもせずに拙速に行動すれば、現地で「何を調べたらいいんだろう？」、あるいは現場の人に「何を質問したらいいんだろう？」ということになってしまいます。当然のことながら、そのようなフィールドワークは失敗に終わります。

フィールドワークを成功させるポイントは、収集した資料をもとに、フィールドワークのテーマに対して予想される結論、すなわち仮説を立てることと、その仮説を立証するために必要とされる調査内容を具体化することにあります。仮説を立てるためには、テーマに関連する資料を幅広く集めてよく読み込み、「どうしてそうなっているんだろう？」と自身で考えを練り、あるいはグループで議論を深める必要があります。仮説が立てられたら、その仮説を立証するためにどのようなことをフィールドで調査しなければならないのか、あるいは現場の人に何を質問しなければならないのか、がおのずと見えてきます。フィールドワークにおける事前の資料収集は、仮説を立てて調査内容を具体化する上で出発点となる重要な作業なのです。

この章では、大学図書館を活用してフィールドワークに必要な資料にアクセスするための方法を説明します。代表的な資料として、書籍、論文・記事、統計、地図を取り上げています。

## 大学図書館の活用

多くの資料はウェブ検索からスタートしてアクセスできるので、インターネットを大いに活用してください。しかし、大学生が資料収集をするとき、ウェブ検索ですぐに見つからない、あるいはオンラインで閲覧できないならば、自分が探している資料は（たとえ通っている大学の図書館にあったとしても）地球上には存在しないものだと思い込む悪癖がよく見られます。したがって、資料収集のためにインターネットを利用する際には、以下の点に注意してください。

- Wikipedia や個人のブログなどを閲覧し、誰が書いたのか、はたして正確なのかどうかわからない情報を集めて、資料収集をした気になってはいけません。
- インターネット上ですぐに見つかる資料だけを読んで、下調べを終えた気になってはいけません。
- 図書館に足を運ぶことを面倒くさがってはいけません。

掲載されている情報の信頼性、正確性の観点から、図書館が所蔵する冊子体を資料収集の基本としてください。同じ内容を調べる場合でも、必ず複数の資料に目を通し、クロスチェックをしてください。インターネット上の資料を参照する場合は、官公庁や研究機関が発行する出所の確かな資料かどうかを確認することを心がけてください。なお、歴史を調べる場合を除き、できるだけ年次が新しい資料から確認するようにしてください。社会のあり様や社会と自然

**フィールドワーク心得帖**
フィールド ワーク ココロエチョウ
滋賀県立大学環境フィールドワーク研究会企画・編集
彦根：サンライズ出版, 2009.11

ブックマーク

●所蔵：

| | 巻号 | | 予約人数 | 刷年 | 所在 | 請求記号 | 資料ID | 状況 | 備考 | ユーザ項目B | ユーザ項目C |
|---|---|---|---|---|---|---|---|---|---|---|---|
| 1 □ | 上 | 予約 | 0 | | 3F滋賀資料 | 361.9 シカ 1 | 1036355 | 貸出中です(2015/01/29) | | | |

図1　蔵書検索結果（抜粋）
URL:http://www.linc.usp.ac.jp/index.htm

との関係は時間とともに変化していくので、古い資料は現在の状況に当てはまらなくなっていることがあるからです。

図書館で資料を探すことは、インターネットが普及した世の中では、面倒な作業に思えるかもしれません。しかし、リンクをあちこちたどって散在する情報を集めなければならないインターネットとは異なり、図書館にある資料はジャンル別に整理されており、すぐに閲覧できます。さらに、目的の書籍や雑誌のすぐ隣に並べられている類書に目を通せば、思いもかけなかった有益な情報を得られるかもしれません。テーマに対する多角的な視点を持つために資料収集に時間をかけることは、結果として自らの仮説を立てる近道になるでしょう。

## 書籍の探し方

まず、大学図書館のウェブサイトで蔵書検索をおこない、必要な書籍の詳細情報を確認します（図1）。検索結果では、図書館内の書籍の住所を示す請求記号に注目しましょう。請求記号は、上から順に分類記号、著者記号、巻冊記号で構成されています。図書館内の本棚には配架されている書籍の分類記号が示されており、書籍は著

図２　CiNii Articles
URL:http://ci.nii.ac.jp/

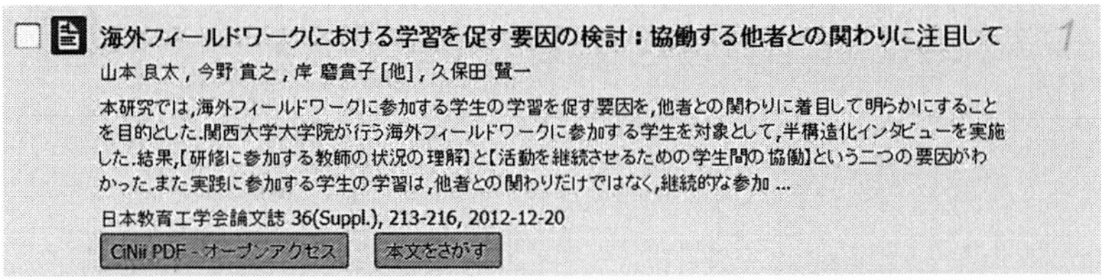

図３　CiNii Articlesの検索結果（抜粋）
URL:http://ci.nii.ac.jp/

者名の五十音順またはアルファベット順、そして巻冊順に並べられています。したがって、請求記号の情報を把握すれば、目的の書籍を簡単に見つけることができます。

## 論文・記事の探し方

雑誌に掲載された論文・記事は、大学図書館ウェブサイトの蔵書検索からは直接探すことができません。なぜならば、図書館に雑誌が所蔵されているかどうかは雑誌名を検索すると確認できますが、雑誌を構成する個々の論文・記事のタイトルはデータとして登録されていないからです。

そこで、CiNii Articlesというウェブサイトを利用します（図2）。CiNii Articlesでは、個々の論文・記事のタイトルや著者名、雑誌名、掲載巻号、ページ数などの書誌情報が登録されており、キーワード検索に力を発揮します（図3）。大学内のネットワークからアクセスしているならば、「本文をさがす」のリンクをクリックすると、論文・記事が収録されている雑誌が大学図書館に所蔵されているかどうかを即座に確認できます。

最近はインターネット上で論文・記事が公開されるケースが増えてきました。論文・記事の書誌情報下部に「CiNii PDF －オープンアクセス」や「J-STAGE」、「機関リポジトリ」などのリンクがあるならば、そこから無料で論文・記事のPDFファイルにアクセスすることができます。

## 検索キーワードの選び方

書籍や論文・記事をうまく検索するためには、入力するキーワードの選択が重要です。キーワード検索は試行錯誤を繰り返すことで上達します。以下に、キーワード検索のコツを記します。

### ①検索結果のヒット件数が多いとき

一般的な語句（例えば、森、川、湖など）をキーワードとして入力すると、検索結果が大量にヒットすることになります。そのような場合、まず、ヒットした文献のタイトルのみにざっと目を通し、興味を引いた単語をメモしておきましょう。次に、最初に入力したキーワードに加えて、メモしておいた単語を新たなキーワードとして追加し、AND検索（キーワード間をスペースで区切って検索）して検索結果を絞り込みます。また、著者名に目を向けたとき、ヒットした書

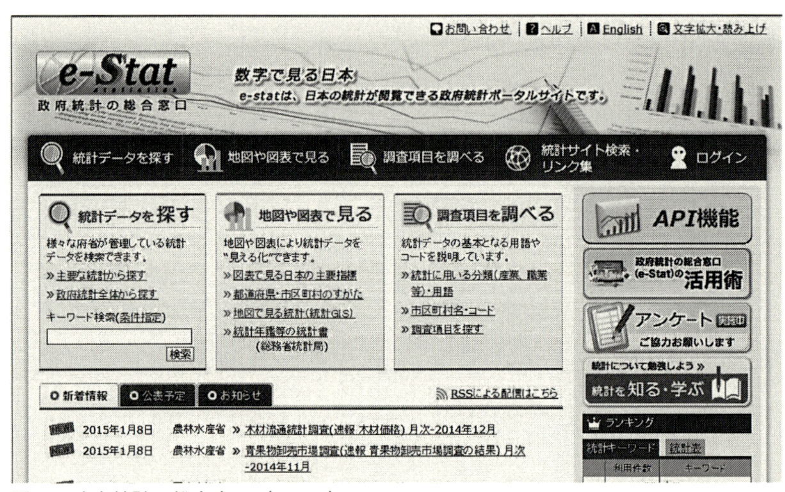


図４　政府統計の総合窓口（e-Stat）
URL:http://www.e-stat.go.jp/SG1/estat/eStatTopPortal.do

籍や論文・記事の多くに同じ著者名が出てくるならば、その分野の第一人者である可能性が高いため、著者名自体がキーワードとなりえます。

②検索結果のヒット件数が少ないとき

最初にキーワードとして入力した単語を言い換えてみます。例えば、公園というキーワードを言い換えるとすると、同じ意味ではパークや緑地、概念的な表現では憩いの場や癒しの空間などが考えられます。また、複数の語句が含まれている長いキーワードを入力すると、検索結果のヒット件数がゼロということもありえます。キーワードは単一の意味を持つ短い語句として入力するといった工夫も必要です。

③市町村名をキーワードとするとき

市町村名を検索する場合は、近年の合併により市町村名が変更されていることがあるので注意が必要です。

図５　地理空間情報ライブラリー
URL:http://geolib.gsi.go.jp/

## 統計の探し方

日本の政府統計は、e-Statというウェブサイトで公開されており（図４）、データはエクセルファイルでダウンロードすることができます。ただし、インターネット上で公開されていない古い年次の統計は、図書館に所蔵されている冊子体を参照する必要があります。統計値を整理した図表は官公庁や各種団体などのウェブページにしばしば掲載されていますが、誰かが作った図表の孫引きをしてはいけません。調査地域や調査対象の特徴をよりよく把握するために、自ら統計データを参照・加工して図表を作成することが重要です。

## 地図の探し方

２万5000分の１地形図などの日本の地図は、国土地理院によって整備されてきました。地理空間情報ライブラリーというウェブサイ

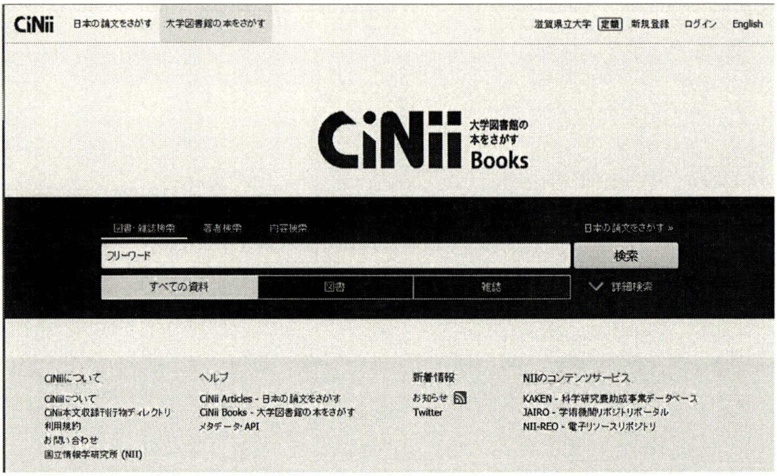

図6　CiNii Books
URL:http://ci.nii.ac.jp/books/

トでは、さまざまな種類の電子地図や空中写真が公開されています（図5）。ただし、過去から現在にかけての土地利用変化を詳細に比較したいときやフィールドで地図を見ながら調査したいときには、電子地図は使いづらい側面があります。その際は、図書館が所蔵する地形図を大きなサイズでコピーし、手元に保管しておきましょう。図書館内に「郷土資料コーナー」や「地図コーナー」が設置されている場合は、地域情報や地図情報が1ヶ所に集められているので、それらを積極的に活用しましょう。

### 大学図書館に資料が所蔵されていない場合

収集したい書籍や論文・記事の書誌情報はわかっているけれども、通っている大学の図書館には所蔵されておらず、インターネット上で読むこともできない、という事態はしばしば起こります。そのようなときは、他大学の図書館から資料を借用するか、複写することを検討しましょう。

CiNii Booksというウェブサイトでは、書籍・雑誌がどの大学図書館に所蔵されているのかを調べることができます（図6）。必要な資料を所蔵する他大学の図書館が近隣にあるならば、直接出向いて借用・複写するとよいでしょう。距離的または時間的な問題から直接訪問することが難しいならば、郵送代やコピー代がかかりますが、大学図書館の受付カウンターで文献借用・複写依頼サービスの手続きを行えば、必要な資料の現物またはコピーを取り寄せてもらえます。

### 書誌情報の記録

忘れがちなのが、収集した資料の書誌情報を記録しておくことです。収集した資料は、フィールドワークを終えてからレポートや論文として調査結果を取りまとめる際に、参考文献として引用する必要があります。資料収集の段階で書誌情報を記録しておかないと、引用する際に調べ直さなければなりません。二度手間にならないように、あらかじめ記録しておきましょう。

書籍の書誌情報には、タイトル、著者名、出版社名、発行年があります。これらの情報が一括して記載されている奥付（和書であれば巻末、洋書であれば巻頭）のページをコピーしておくとよいでしょう。書籍の一部（章）を参考にした場合、上記に加えて、その章におけるタイトル、著者名、ページ数も記録しておきます。論文・記事の書誌情報には、タイトル、著者名、雑誌名、掲載巻号、発行年、ページ数があります。多くの場合、論文・記事の最初のページにこれらの書誌情報が記載されています。

（増田清敬・林宰司）

錦澤滋雄（2009）「基本④資料収集の仕方」，滋賀県立大学環境フィールドワーク研究会編『フィールドワーク心得帖（上）』，サンライズ出版，pp.38-48.

**【参考URL】**

地理空間情報ライブラリー，http://geolib.gsi.go.jp/

CiNii Articles，http://ci.nii.ac.jp/

CiNii Books，http://ci.nii.ac.jp/books/

政府統計の総合窓口（e-Stat），http://www.e-stat.go.jp/SG1/estat/eStatTopPortal.do

滋賀県立大学図書情報センター，http://www.linc.usp.ac.jp/index.htm

## コラム２　フィールドにおける写真撮影の留意点―景観編

観察した現場の状況を記録する方法の一つに写真撮影が挙げられます。写真を見直すことで思い出したり、新たに気がついたりすることができます。また写真があれば、現場に行ったことのない人にも状況をわかりやすく説明することができます。さらに、調査の内容によっては写真をデータとして分析対象とする場合もあります。写真が有効な記録手段となるよう基本的に留意すべきことを以下に挙げます。

**①撮影場所、時刻、内容のメモ**

どこで何を撮影した写真なのかわからなくならないよう、撮影の際に場所、時刻、内容を地図にメモしましょう。メモした時刻は写真データと撮影場所とを照合する手がかりになります。

**②ねらいに応じた視点、アングル、焦点距離の設定**

何を記録するのか撮影のねらいを明確に決めた上で、被写体に対するカメラの

写真１

写真２

写真3-1

写真3-2

写真3-3

位置（視点）や角度（アングル）を設定し、必要な範囲が画面に入るようズーミングで焦点距離を調整しましょう。川の中に築かれた堰を撮影した具体例で説明します。写真1は、河道や周辺地形との関係がわかるように、堰の前方やや上の視点から俯瞰するアングルで、広角側にズーミングし撮影したものです。写真2は、堰の天端と河床との間の段差を記録するために、断面形がわかる水通しの部分（堰体の切れ目）に近寄って撮影したものです。

**③撮影条件の統一**

複数の地点で撮影した写真の比較分析をおこなう場合、撮影条件を統一することが必要です。橋上からの川の眺望景観の分析をおこなうために撮影した写真3で説明します。いずれの写真も橋上中央の高さ1.4mの視点から下流方向へ撮影したもので、アングルと焦点距離もそろえてあります。また、同一のカメラで撮影しています。撮影条件を統一することで、川幅や壁面の高さなどを写真間で比較し、見え方の共通点や相違点を明らかにすることができます。カメラの故障を想定し2台のカメラで撮影するとよいでしょう。

（村上修一）

# 5

# インタビューの心得・仕方

## フィールドワークにおけるインタビューの必要性

フィールドワークとは自然環境の中で黙々と歩き回り、観察をしたり、動物や植物の種類を見分け、それらの数を数えたりするだけだと思っていませんか。「自然環境」と聞くと、人間のいない「野生」とか「原生」というイメージが大きいかもしれませんが、山や川、森や湖、田畑や水路にも人間の手が加えられているのです。人類は元々、農業を始める前から狩猟や採集によって自然環境と接していました。もちろん今でも、森林管理や水質保全、廃棄物管理といった場面で自然と関わるだけでなく、日常生活の中でも水の利用や農作業といった点で自然とかかわりを持っているのです。

現地での観察もさることながら、フィールドワークのために出かける「現場」で出会う人たちと話をして、本や資料からは得られないことをインタビューという方法で獲得することも、大事な経験となります。人に話を聞いて、フィールドワークの方法を学ぶということが、この章の学習目標です。観察や資料からは得られないことを人から聞き取ることで、環境問題への理解も増していくのです。

さて、友達同士や家族との間では気軽に話をできても、知らない人に話しかけるのは、勇気が必要です。「どうやって声をかけたらいいのだろう」、「誰に話しかけたらいいのだろう」ということが最初の悩みの種になりますね。広く対象範囲を設定するとすれば、

郵 便 は が き

お手数ながら切手をお貼り下さい

5 2 2-0 0 0 4

滋賀県彦根市鳥居本町 655-1

# サンライズ出版 行

〒

■ご住所

ふりがな
■お名前　　■年齢　　歳　男・女

■お電話　　■ご職業

■自費出版資料を　　希望する ・ 希望しない

■図書目録の送付を　　希望する ・ 希望しない

サンライズ出版では、お客様のご了解を得た上で、ご記入いただいた個人情報を、今後の出版企画の参考にさせていただくとともに、愛読者名簿に登録させていただいております。名簿は、当社の刊行物、企画、催しなどのご案内のために利用し、その他の目的では一切利用いたしません（上記業務の一部を外部に委託する場合があります）。

【個人情報の取り扱いおよび開示等に関するお問い合わせ先】
サンライズ出版 編集部　TEL.0749-22-0627

■愛読者名簿に登録してよろしいですか。　□はい　□いいえ

ご記入がないものは「いいえ」として扱わせていただきます。

# 愛読者カード

ご購読ありがとうございました。今後の出版企画の参考にさせていただきますので、ぜひご意見をお聞かせください。なお、お答えいただきましたデータは出版企画の資料以外には使用いたしません。

**●書名**

**●お買い求めの書店名（所在地）**

**●本書をお求めになった動機に○印をお付けください。**

1．書店でみて　2．広告をみて（新聞・雑誌名　）

3．書評をみて（新聞・雑誌名　）

4．新刊案内をみて　5．当社ホームページをみて

6．その他（　）

**●本書についてのご意見・ご感想**

## 購入申込書

小社へ直接ご注文の際ご利用ください。
お買上 2,000 円以上は送料無料です。

書名　（　冊）

書名　（　冊）

書名　（　冊）

フィールドワークでのインタビューの対象者は現地で出会うすべての人々です。最初から専門家の人に頼んで説明をお願いする場合にも、「何を質問していいのか」、「話題に詰まったらどうしよう」ということも気になります。さらに偶然、現地で出会う人たちに、質問するとなると、自己紹介や調査の意図を説明しなければならないので、もっと大変になりますね。そこで「インタビューの心得・仕方」をあらかじめ学んでおかなくてはならないのです。さらにインタビューをした内容は、教室や家に戻って文章にしておかないと、話を聞いた記憶は薄らぎ、せっかく聞き取った大事なことを誰かに伝えることができなくなります。したがって「インタビューのまとめ方」も知っておくべきでしょう。

現地でインタビューをする必要性はどこにあるのでしょうか？「水の利用方法」は水道を考えれば、別に改めて聞く必要はないかもしれません。でも伝統的な水利用では、井戸を使ったり、用水路や排水路を使ったりしています。そのことを調べるためには昔のことを知る人に聞いたり、過去と現在の水利用の違いを思い出してもらったりして話をしてもらうという方法があります。

農業のことは本を読んでも書いてあるかもしれませんが、やはり実際に農作業をしている人から聞くのが一番です。昔と違って農業従事者は減っていますから、農業の話自体が大学生にとっては新鮮な話題となるかもしれません。

大学内でも環境問題は生じています。大学生による自転車駐輪の問題への取り組みにもさまざま人が登場します。どのようなことが問題なのか、そこでの解決方法はどのようにすればよいかといった話を、フィールドワークで設定した場所で聞くのが最適です。

森林や生物、河川には直接、話を聞くことはできないですから、林業の従事者や管理者、生物の専門家や関係者に聞くのがよいでしょう。河川の変化を知るには漁業者や釣り人に聞くといった方法もあります。

さあ、環境問題におけるインタビューの必要性が理解できましたか？　フィールドワークの現場でインタビューを実行する前に、インタビューの方法を事前に教えておきましょう。

## インタビューの心得

日常生活でインタビューの場面を想定すると、テレビのレポーターやスポーツのヒーローインタビュー、ニュース報道の記者会見、警察官の聞き込みなどが挙げられます。どれもインタビューをされる方の発言に関心が向かいがちですが、じつはインタビューをする人たちの話術にもプロとしての秘密が隠されているのです。

それは、知りたいことを聞き取ろうとするインタビューのテクニックです。芸能人はなかなかプライベートの話をしてくれない、スポーツ競技のヒーローに感動を実感できるコメントを話してもらいたい、政治家に政策の真意を聞き質したい、犯人を捜すために関係する情報を集めたい。どれもインタビューをすることによって、その目的を達成しようとします。

ですから、インタビューをする時の心得としては、相手に安心して話してもらい、なおかつ自分が聞きたいことを率直に発言してもらう。その両方がかみ合ってこそ、インタビューが成功するのです。それぞれの分野ではさまざまな話術のテクニックがあるかもしれませんが、ここでは大学生が環境問題を学ぶためのフィールドワークの現場で必要最小限のテクニックを説明してみたいと思います。

## インタビューの方法

まずはインタビュー対象者としての相手に怪しまれないということが基本となります。いきなり初対面の人に環境問題の専門的なことを聞こうとしても、聞かれる方はとまどってしまいます。最初は「元気なあいさつ」や「その場に応じた世間話」で話しやすい雰囲気をつくることが大事でしょう。話し相手をあまりジロジロ見るのはよくないことですが、相手の表情を観察しておくのも受け答えのタイミングを計る目安となります。

インタビュー相手と良好なコミュニケーションがとれそうだと確信したら、次は質問を的確に伝えることです。もしも相手が会話の最初の段階で嫌がったり、話を聞いてくれそうになかったりしたら、深追いはせずあきらめることも肝心です。どんな会話が上手い人でも、フィールドワークにおいて話しかけた人の全員と話ができるということは滅多にありません。調査の対象にふさわしい人でなおかつ話を気軽にしてくれそうな人を探すのも、話しかける前のテクニックと言えるでしょう。そういう意味ではインタビューの対象者に誰を選ぶのかを考えておくのも重要です。

さて、インタビューを始めて、最初のうちは考えた質問をすることで相手の回答を待てば、次の話題を用意しておくことができます。できるだけ会話を途切れさせないように、会話のシミュレーションを学生同士で練習しておくことも考えられます。お互いに話せるという雰囲気が伝われば会話も弾むはずです。一方で会話の方向性があまりずれないようにするということも留意しておかなくてはいけません。大学生のような若者に話しかけられたということで、調査の話題から離れて自分の話したいことを次々と説明してくれる人もいます。会話としてはそれも楽しいのですが、フィールドワークの目的を外れないように、なおかつインタビュー相手の気分を害さない程度に、話をまとめていくことも大事です。

忘れてはならないのが、インタビュー内容を記録することです。立った状態でも書くことができる、メモ帳と筆記用具を準備しておかなければならないですね。話しながらメモを取ることに自信のない人はボイスレコーダーを用いることもできます。ただし録音する時にはインタビュー相手の了解を得ておかないと、かえって不審に思われます。記録した内容の使い方は後で詳しく説明しましょう。

滋賀県立大学の環境フィールドワークの場合、インタビュー対象者は公的機関（役所、JAなど）の職員、NGO・NPOなどで目的を持って行動している人、特定産業（農業、漁業、工場）の従事者、一般住民の方々です。相手が積極的に話してくれる場合には、質問どおりに答えてもらえる場合もありますが、もしも話が弾まない場合は多少、話題を変えながら、話を進めやすい雰囲気になるように話をしてもらいましょう。どんなインタビューでも、相手のことを事前に調べておき、相手が話しやすい質問の順番に聞いていくことも大事です。インタビューにおいてもフィールドワーク同様に事前調査が必要ということですね。

## インタビュー時のメモのとり方

インタビューをすることがわかっていれば、事前に聞き取りのメモ用紙に、質問文などの台本を書いておくこともできます。また話すスピードに書くスピードはどうしても追いつかないので、メモの取り方にもコツがあります。

会話の記録を準備するためには、自分が書きやすいメモ帳（フィールドノート）と筆記用具を用意しておきます。あらかじめ、調査の内容がわかっていれば、「いつ」「誰に」「何を」聞くのかを、項目立てておき、そこに回答を記入していけます。略称や符号を使用するのもコツのひとつです。くれぐれもメモを取ることだけに必死にならないように。あくまでもメインの作業はインタビューをすることです。

インタビューが終われば、達成感と疲れのため聞き取ったことから、一度、頭をリフレッシュしたいところですが、記憶が鮮明なうちに文章にするのもインタビュー調査の必須作業です。会話を思い出すために、インタビュー場所で撮った写真もあるとよいでしょう。

環境問題の調査に限らず、インタビューで調べたことを資料で裏付けることも重要です。対象者がウソを言うつもりはなくても、つい口が滑ったり、記憶があいまいで年代が間違っていたりすることもよくあります。インタビュー調査が終わった後で、もう一度、資料を読み直してみましょう。

最後に、インタビューした内容を自分で再構成してみて、調べたことのストーリーが成立するかを検証してみるのもいいかもしれません。そのためにはインタビューの前に自分で仮説を立てておくことも必要になりますね。

## インタビューによって学ぶフィールドワークの収穫

滋賀県立大学の環境フィールドワークに限らず、世の中ではインタビュー調査によって発見された事実や解釈がいろんな場面で登場します。琵琶湖岸における水利用の経験もそのひとつです。文献資料や写真には残らないことも、多くの人々への丹念な聞き取りによって理解できたということもあるのです。環境問題の調査の魅力には、雄大できめ細やかな自然環境があることも事実ですが、環境を利用している人々の暮らしや、そこでの仕事から得られる体験を、インタビューによって学ぶということもフィールドワークからの収穫といえるでしょう。

こうしたインタビュー調査の経験は、いずれ卒業論文の作成や就職活動、社会人になってからの仕事にも役立つはずです。自分のスキルアップのために誰かに何かを教えてもらうこと、組織の中での円滑なコミュニケーション、話し相手との質疑応答におけるふさわしい対応などにおいても、インタビューの技術が活かせるのです。

## インタビューをしてみよう

ではここから先は皆さんがフィールドワークをはじめとした授業や実習、調査でインタビューを実行してみる番です。知らない人に話を聞くからといって、気負わず、緊張せず、ふだんの自分をどれだけ出せるのか試してみてはいかがでしょうか。インタビューをする前は、「自分もできるのか」、「何か不都合があったらどうしよう」と悩むのは当たり前のことです。そのために事前準備と注意事項の理解が必要なのです。もしもインタビュー調査がうまくいったら、いろんな人に知らない話を聞いてみるという手段をさまざまな場面で使えるようになります。もしも失敗してしまったら、その原因をよく考えて、次のインタビューに活かせばいいのです。そうそう、大学の１年生は知り合いが少ない中で、話し相手を増やしていきますね。インタビューもその心構えは同じです。

（香川雄一）

市川健夫（1994）『フィールドワーク入門』古今書院.

大谷信介・木下栄二・後藤範章・小松洋編著（2013）『新・社会調査へのアプローチ―論理と方法―』ミネルヴァ書房.
梶田真・仁平尊明・加藤政洋編（2007）『地域調査ことはじめ―あるく・みる・かく―』ナカニシヤ出版.
斎藤功ほか（1997）「特集：聞取り調査のすすめ」『地理』42-4，pp.38-73.
佐藤郁哉（1992）『フィールドワーク』新曜社.
佐藤郁哉（2002）『フィールドワークの技法』新曜社.
滋賀県立大学環境フィールドワーク研究会編（2007）『琵琶湖発　環境フィールドワークのすすめ』昭和堂.
高橋伸夫・溝尾良隆編（1989）『地理学講座６　実践と応用』古今書院.
鳥越皓之・嘉田由紀子編（1991）『水と人の環境史：琵琶湖報告書：増補版』御茶の水書房.
野間晴雄・香川貴志・土平博・河角龍典・小原丈明編著（2012）『ジオ・パル NEO　地理学・地域調査便利帖』海青社.

## コラム３　フィールドにおける写真撮影の留意点―生物編

**何のために写真を撮るのか**

フィールドワークにおいて、生物の写真を撮る目的の一つは、標本には残らない生物の生きた姿（色や形）を記録することです。しっかりとその生物の特徴が写っていれば、写真をもとに、ある程度種を特定することも可能です。しかし、一般的に写真だけで種まで同定するのは難しいです。また、生物の写真は、その場所にその種がいたという証拠となり得ます。さらに、写真という形で生物の生息環境を持ち帰ることができます。写真に写った生息環境や、食べていた植物などの情報は、種の同定に役立つこともあります。

**どのようなカメラを選べばよいのか**

現在、主流のデジタルカメラの中には、大きく分けて、一眼カメラとコンパクトカメラがあります。携帯性が高く低価格という点から、フィールドワークで重宝されるのはコンパクトカメラのほうでしょう。もちろん、一眼カメラのほうが性能はよく、「美しい」写真が撮れます。しかし、コンパクトカメラでも、工夫して使えば、十分に研究や報告に使える写真を残すことができます。生物の写真を撮るなら、マクロ撮影機能が充実しているカメラがよいでしょう。マクロには被写体に近づいて撮るワイドマクロと、離れて撮るテレマクロがあります。テレマクロのほうが、逃げる被写体を撮りやすい、被写体のゆがみが少ないなどの利点があります。コンパクトカメラのほとんどはワイドマクロです。カメラを選ぶ際、店頭でじっくりと試し撮りしてみることをお勧めします。また、遠くの鳥などを撮影するためには、光学ズームの倍率が高いものを選びましょう。デジタルズームは写った画像を拡大するだけなので、画質が悪くなります。フィールドで天候や場所を気にせず使用できるのが防水機能付きのカメラです。防水カメラを水中に沈めて、泳ぐ魚の姿を撮ることもできます。しかし、防水カメラは普通のカメラと比べて性能や操作性が劣ることもあります。

**使える写真を撮るために**

使える生物写真を撮るために、いくつか注意したい点があります。まずは、生物をなるべくいろいろな角度から撮りましょう。例えば、植物を同定する場合、花、葉（裏と表）、葉や枝のつき方、幹の様子など、様々な部位が同定ポイントとして使われます。そのため、このような様々な特徴がすべてわかるように、何枚も写真を撮る必要があります。つぎに、その生物の実際の大きさがわかるように、スケールを入れて撮影しましょう。一円玉（直径２㎝）など、大きさがわかっているものを置いて撮影してもよいでしょう。また、生物の実際の色彩を正確に記録するためには、カラーチャート（色見本）を入れて撮影します。カラーチャートをもとに、撮影した写真の色や明るさをパソコン上で正確に調整することができます。

**フィールドでのカメラの活用法**

デジタルカメラを簡易的な望遠鏡や顕微鏡として使うこともできます。例えば、遠くにいる鳥をズーム撮影します。撮った写真を液晶画面で拡大して見れば、肉眼ではわからなかった鳥の色や形がわかります。一方、小さな虫や花をマクロモードで撮影し、液晶画面で拡大すると、細部構造を観察することができます。また、本物の望遠鏡や顕微鏡の接眼レンズにコンパクトカメラのレンズを近づけて、被写体を拡大撮影することも可能です。

**写真データの付加情報**

デジタルカメラで撮影した写真のデータには、Exif と呼ばれる情報が記録されています。Exif には撮影日時、カメラの種類、撮影モード、位置情報（GPS 搭載機種のみ）、サムネイルなどが含まれています。とくに撮影日時や位置情報は、撮影した生物がいつどこにいたのか、という記録になるので、野帳の記録と合わせてとても役立ちます。しかし、これらの情報は「希少種の生息・生育場所」や「個人情報」の特定につながるものでもあるため、特に写真をインターネット上で公表する時には、カメラの設定を確認するなどの注意が必要です。

（中西康介）

# 6
# ポスターによる発表

## ポスタープレゼンテーションの利点

調査で得られた結果をもとに、分析や考察を加えてひとつの発表を行うことをプレゼンテーションと呼びます。このプレゼンテーションにはいくつか方法があり、パソコン画面をスクリーンに投影しながら10分程度の口述をそえるフリップ形式と、比較的大きな用紙に文字や図表などを見やすくレイアウトしたものを壁に貼り、そのすぐとなりで口述するポスタープレゼンテーションがあります。前者は図表や画像だけでなく、動画やシミュレーションなども提示できるデジタルメディアとしての特質があるため、多くの研究発表やビジネスの場で用いられています。対して後者は、古くからあるペーパーメディアであるため、図表や文字の大きさなど、一度書いたら変更できず、見せ方も平面的になるため、見る人に対して訴える力が低いのですが、フリップ形式と違って１枚の紙の上で全ての情報を整理して見せ切ることができるため、問題点の理解から結論までをスマートに表現し、見せることができる利点を持ちます。皆さんも小・中学校の教育課程で「壁新聞」や「自由研究発表」の経験があるでしょう。要はその延長と考えてよいですが、スマートに見せるポスターを作る際には、人に伝えるための効率のよい作り方がありますので、本章で詳しく解説しましょう。

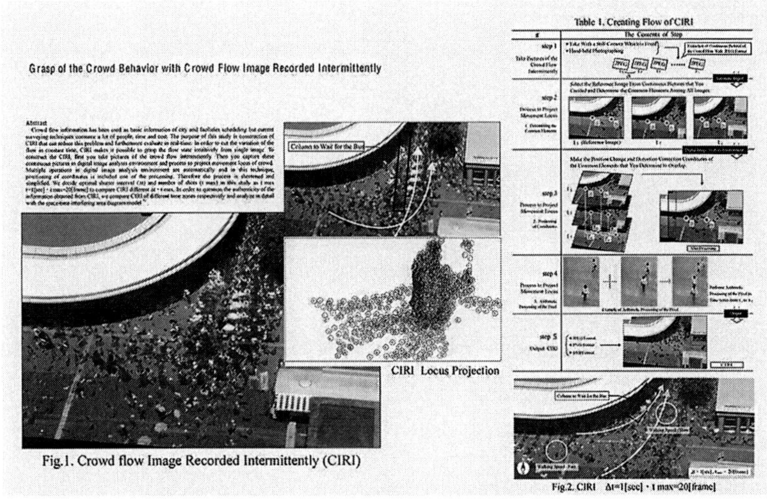


図１　学生による研究発表ポスター例

## 魅せる流れを持ったコンテをつくる

まず図１を見てください。これは大学院生による研究発表のポスター案です。A1判(594×841mm)用紙を横に使い、①研究タイトル、②研究目的、③研究の方法、④研究結果がある種の流れを持って並べられています。①～④を順序立てて書き進めることは、授業レポートや卒業論文などと同じですが、それをポスターにして見る人にわかりやすく示す際は、事細かに単調に並べるだけだと目を引きませんし、飽きさせてしまいます。①～④の流れのなかで、どこを一番訴えたいのかを決め、それに関する図を大きく「グラビア」として載せ、見る人を引き込む工夫が必要です。図１の左に見られる大きな画像は、この研究の根幹を一枚の画像で示したものです。つまりこの図を見れば、いったいこの研究、発表は何を言おうとしている

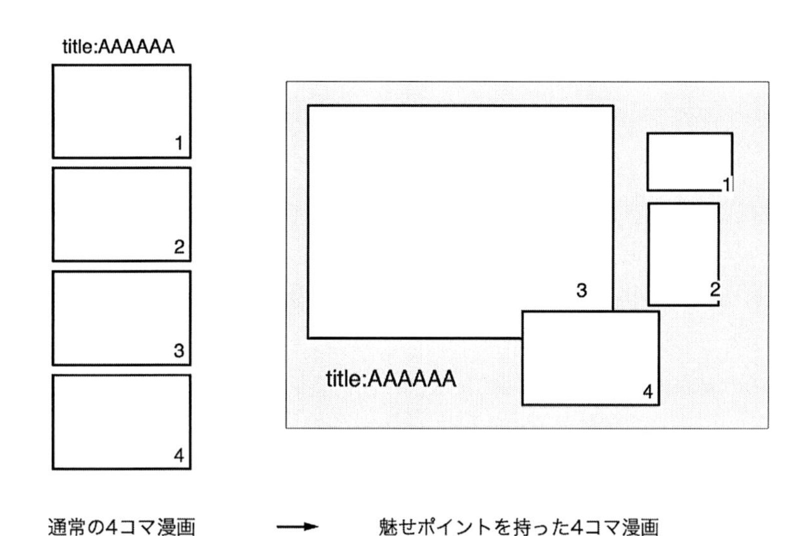


図2　４コマ漫画を例にした「魅せる」流れ化

のかが「だいたい」伝わるのです。ここでポイントなのは、大きな図では「だいたい」が伝わればよく、その後の本文や比較的小さくまとめた図などで「詳しく」解説し、読み込ませればよい点です。この概念を図２に示したので理解していただきましょう（この図をコンテとよぶ）。

また研究発表の内容によっては、適当な写真や図版がないことも多いですが、そうした際は問題提起を「ヘッダーコピー」として大きな文字で書くとよいです。新聞や雑誌などを見ますと、必ず１面に大きな見出しが載っていますが、それと同じ効果を狙うとよいでしょう。このヘッダーコピーとは、簡潔で短い文章をさします。短文で多くの情報を伝えなければならないので、それなりに知恵を絞る必要があります。広告・マスメディアの業界では、こうした短文を考案するコピーライターという専門職業があるくらいです。よく

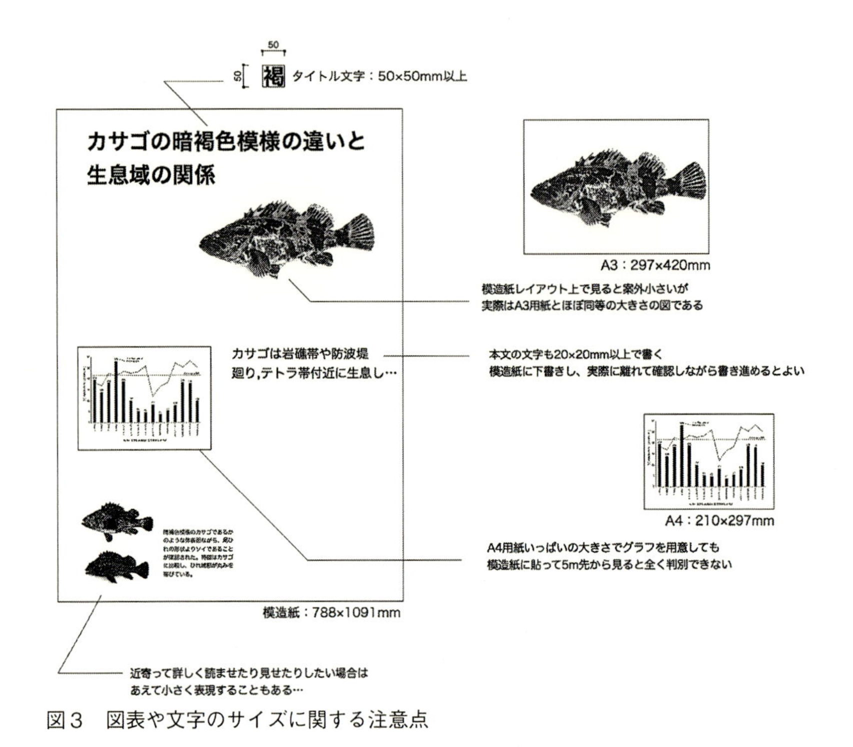


図３　図表や文字のサイズに関する注意点

推敲し、自分なりの「魅せる流れ」や「魅せポイント」を作ってください。

## 発表ポスターを実際に作ってみる

　発表ポスターは通常、Ｂ紙（ビーし）とも呼ぶ788×1091㎜サイズの模造紙の紙面上に、図表や文字を添付したり直接書き込んだりして完成させます。大きな紙を使う理由は、大きな図表や大きな文字で表現する必要があるためで、言い換えると３～５ｍほど離れた聴衆にしっかり判別させられるような図の大きさ、文字サイズで作るべし、ということです（引き込み心理を狙いあえて小さい文字で書くこともあります

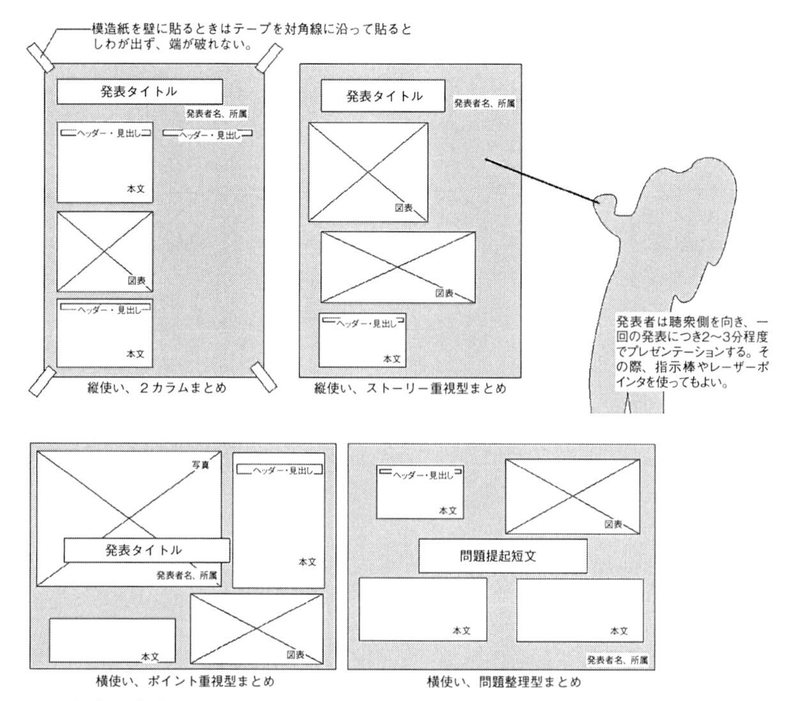


図４　発表の内容にあわせたレイアウト例

が)。図３を見てください。左側に模造紙上にレイアウトされた魚の写真は、案外小さく見えるかも知れませんが、実際はA3用紙と同等サイズです。また図３の右下に示すグラフは、A4用紙いっぱいの大きさで準備したにもかかわらず、模造紙にレイアウトすると小さくて判別ができません。コツとしては、ポスター制作の下書きや準備段階で、実際に模造紙を壁に貼って、５mほどの距離から見て確認しながら進めていくとよいでしょう。

次にレイアウトの作り込みですが、先に準備したコンテの流れと見せ方に沿って自由に構成してかまいませんが、初めて作る際は複雑に考えすぎて悩んでしまうかも知れません。そんな時は、多くのケースでよく使われるレイアウトプランを参考にするのもよいでしょう。発表の内容や伝えたいポイントによって、図４に示す例を参考に進めてみてはいかがでしょうか。

## 人前で発表する際のポイント

最後にプレゼンテーションの際の口述についてですが、人前で発表することに慣れていないうちは、緊張して声量が小さくなりがちで、気が小さくなるので委縮した雰囲気になってしまい、かえって場のムードに緊迫感がでてしまいます。そんな時はできるだけ大きな声で、顔を上げて聴衆の目を端から端まで見わたすようにしてしゃべるとよいでしょう。慣れるまでは口述内容を事前にメモにまとめておき、手元資料として使ってもよいでしょう。しかし、決してメモを見ながらしゃべってはいけません。あくまでメモ代わりの原稿として持っておくくらいにしましょう。また指示棒やレーザーポインタを使って図表などを指し示しながらの口述も効果的です。指示棒がなければペン等でも代用できます。要は棒の先に聴衆の意識を集中させることができれば何でもよいわけです。

（高柳英明）

# 7
# スライドによる発表

## フィールドワークの成果発表

環境フィールドワークの授業では、同じクラスに属していても班ごとにさまざまな課題に取り組むことが多いでしょう。その場合、個々の班の課題に応じた調査をおこない、得られた結果を分析・考察し、結論を導きます。ときにはいくつかの班が同じ課題に取り組むこともありますが、調査結果や結論が同じになるとは限りません。したがってどのような課題のもとにどのようなフィールドワークをおこなったのか、その結果どのような結論が得られたのかなど、フィールドワークで発見したことを他者に伝え、自分の考えを他者と共有しなくてはなりません。そのうえで互いに意見を交わすことで、次の目標や課題が見えてきます。つまり、フィールドワークの成果発表をおこなうことは、科学的な手続きとして欠くべからざることなのです。そのため、ポスター発表形式もしくは口頭発表形式によるフィールドワークの成果発表が重要になります。

## スライドショーによる口頭発表

一般に、研究成果は「ポスター発表」または「口頭発表」という形式で発表されます。この章では、このうち「口頭発表」について説明します。ポスター発表については第6章を参照してください。

口頭発表とは、スライドショー形式で情報(文字や画像)を表示しながら口頭で説明することを意味します。発表者にはある一定の講演時間が割り当てられ、その間、発表者はスライドを使いながら聴衆に向かって説明をします。発表終了後にはある一定の質疑応答時間が設けられ、この時間を使って初めて聴衆は質問をしたり意見を述べたりすることができます。つまり、発表は基本的には発表者から聴衆に向けての一方通行で進められるため、聞き手は理解できなかったり聞き逃したりしても発表の途中で「待った」をかけることはできません。そのため発表者は、その場で聞き手に理解してもらえるように、わかりやすい発表をおこなう必要があります。そしてそのためには、一目で理解できるような明快なスライドを作成することがひとつの鍵となります。そこでこの章の前半では、口頭発表におけるスライドの作り方の基本について学んでいきます。また、わかりやすい発表をするためには話の内容のみならず話し方も重要です。口頭発表では、スライドを見せながら「話をする」ことによって発表内容を聞き手に伝えるからです。そのためこの章の後半では、話す内容を記した発表原稿の作り方や話し方についても学んでいきます。

## 発表のツール

作成したスライドは聴衆が見られるようにプロジェクターで拡大してスクリーンに映し出されます。スライドをプロジェクターで投影するにはパーソナルコンピュータ（PC）を使用することが一般的ですが、PCを利用できない環境では実物投影機も用いられます。PCの場合、プレゼンテーションソフトウェア（例えばMicrosoft PowerPointやApple Keynoteなど）を使用することで、スライドの作成からスライドショーの表示までを簡便に実行することができます。

一方、実物投影機とは、手元にある教科書や資料、あるいは立体作品などの実物をそのまま拡大して映し出すことができる装置のことで、書画カメラやOHCとも呼ばれています。実物投影機を使用する場合は、スライドをあらかじめ適当な用紙に手書きしたり印刷したりしておく必要があります。PCの場合に比べてスライドの作成に手間暇がかかりますが、発表の最中にもスライドに書き込みをしたり、立体物を見せたりすることができます。

なお、プレゼンテーションソフトウェアを使用しても手書きしてもスライド作成の基本事項に違いはありません。

## 標準的な発表の構成

標準的な発表は「タイトル」「目的」「方法」「結果」「考察」「結論」から構成されます。基本的にレポートの構成と変わりはありません。しかし、理解できるまで読者のペースで何度でも読み返せるレポートと違い、口頭発表は限られた時間の中で発表者のペースで話が進められていきます。そのため、聞き手にもっとも伝えたいことは何なのか、そしてそのことを聞き手に確実に理解してもらうためには何をどのような順序で話すべきか、発表の筋書き（ストーリー）を練ることが大切です。

発表者がもっとも伝えたい事柄、それは「結論」です。発表ではまず結論を述べ、それから結論に至ったストーリーを述べるようにするとわかりやすいでしょう。そして最後にもう一度結論を繰り返します。すなわち、発表の冒頭でもっとも重要なことを明確にし、それから細部へと話を展開していきます。先に述べたように、口頭発表は一方通行のようなものです。最後まで聞いて初めて全体のスライドの意味がわかる話し方よりも、一番先に出されたスライドから発表のもっとも大切なことを理解してもらい、そのうえでストーリーの筋道を理解できるように話した方が、聞き手にとっては発表者の思考の流れをたどりやすいのです。結論は先に、理由は後に述べましょう。

「目的」では調査の目的を簡潔に述べます。取り組む課題を班で話し合って決めた場合には、課題として取りあげる事柄の背景や、その課題に決めた理由なども説明に加えてもよいでしょう。

「方法」では調査日時、調査場所、調査ルート、調査項目、データの取り方、データの解析方法などを説明します。環境フィールドワークの授業で、クラスの全員が同じ日時に同じ調査場所に行く場合には、発表では調査場所・日時の情報は省略しても差し支えないでしょう。一方、調査ルートや調査項目は目的に応じて違うはずですから、どのようなルートで何に注目して観察をおこなったのかを詳しく説明しましょう。また、調査地でインタビューをおこなった場合には、どのような人を対象にどのような質問をしたかを述べるようにしましょう。

「結果」ではフィールドワークの調査で得られたデータや文献資料からの引用データを客観的に述べます。フィールドワークの発表の場合、フィールドで観察したことやインタビューで聞き取ったことが、結論を導くための不可欠の論拠となっていなければなりません。文献資料からのデータが話の中心とならないように注意しましょう。

「考察」では「結果」で示したデータにもとづきどのように結論が導かれたのかを論理的に説明します。「考察」での論理は一直線に、本筋から脇道にそれないように構成します。そのため、結論を導くために使わなかったデータは「結果」には載せないようにします。また「結果」で示していないデータを突然「考察」で述べることのないようにします。論理を明確にするためには、何を扱い、何を捨てるかを選択する必要があります。すべてを取り入れようとすると、言いたいことが不鮮明となり失敗してしまいます。

- 結論を先に、理由は後に
- 結論を導くための論拠はフィールドで見たこと聞いたこと
- 論理は一直線に

## 制限時間とスライド枚数との関係

発表には制限時間がつきものです。制限時間内に発表を必ず終えるように、発表のストーリーを作成しなければなりません。発表のストーリーはスライドで表現されます。そのため、制限時間に応じて使用するスライドの枚数をおおよそ設定するとストーリーを具体的に考えやすくなります。基準になる目安として、スライド１枚につき説明に１分かかると思ってください。すなわち、発表時間が10分の場合、10枚のスライドを使用してストーリーを表現するということです。もちろんスライド１枚につき１分というのはあくまで目安ですから、必ずしもこのとおりに当てはまるわけではありません。しかし、制限時間10分に対してスライドが20枚も使われているとすれば、それは各スライドの説明に30秒しか使われないことを意味しますし、５枚しか使われていないとすれば各スライドの説明に２分もかけていることを意味します。いずれも説明が極端に短かったり長かったり感じるはずです。ストーリーを形作る段階では「１枚１分」を目安にしましょう。

- 制限時間を意識してストーリーを作成
- スライド１枚につき説明時間１分

## スライドの方向

スライドは横向き（横長）に使用します。PC の場合、標準の４：３（横の長さ：縦の長さ）かワイドスクリーンの16：９のいずれかを選べます。どちらを選択するかは発表に使用するスクリーンの形状によりますが、事前にわからない場合は標準（４：３）を選択しておくのが無難です。実物投影機の場合は、A4判（297×210㎜）の用紙を横向きに使用します。A4判横向きは4.2：３なので、PC 標準の場合とほぼ同じ感覚でレイアウトを考案できるはずです（図１）。

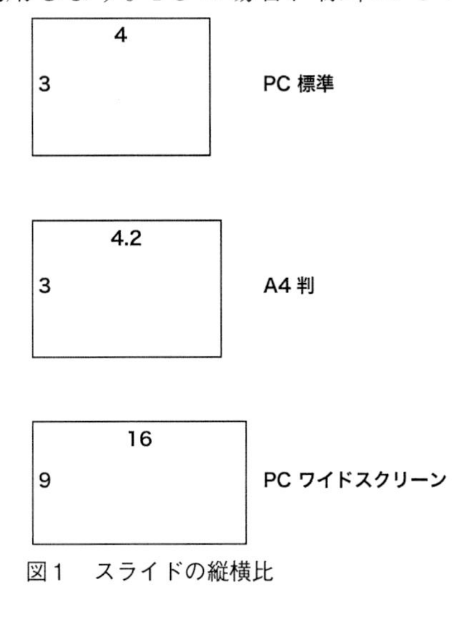

図１　スライドの縦横比

- スライドは横方向

## 余白

スライドの上下左右には適度な余白を残しましょう（図２）。スライドの端ぎりぎりまで文字や図が占めていると、聴衆に圧迫感を与えます。またプロジェクターとスクリーンの設置状態によっては、スライドの端がスクリーン上に表示されないという不都合が起こることもあります。そのため、スライドの縦横の長さに対して実際に使用する範囲は９割程度と考えましょう。

- スライドの上下左右には適度な余白を保つ

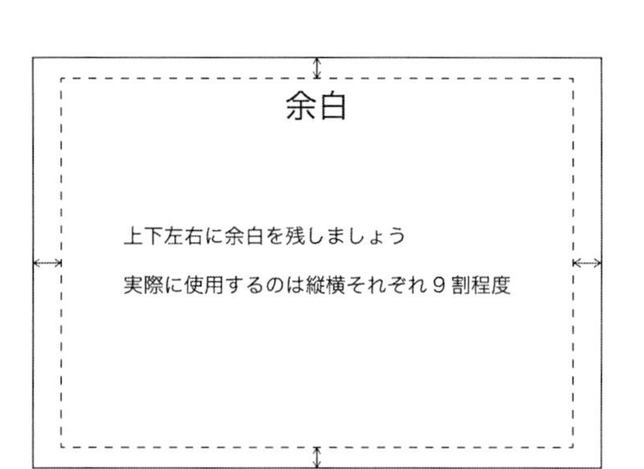


図2 余白

**字体（フォント）**

PCにはあらかじめ数多くの字体が用意されています。どの字体を使えばよいのか選択に迷うくらいです。字体を選ぶときの目安となるのは「セリフ」の有無です。セリフとは字体の端にある突出線のことです。セリフ体の代表的なものは明朝体やTimesです。一方、セリフのない字体をサンセリフ体と呼び、ゴシックやHelveticaに代表されます。一般にセリフ体はサンセリフ体よりも読みやすいとされ、新聞や雑誌、教科書など多くの冊子体で用いられています。いままさに皆さんが読んでいるこの文章の字体も明朝体です。この文章がすべてゴシック体で書かれていたとしたら、ページ全体に文字が詰まっている印象になり、おそらく目がかなり疲れることでしょう。

しかしスライドではどうでしょうか。図3の文字は字体こそ違いますが、文字の大きさはすべて同じです。それにもかかわらずセリフ体の文字が一回り小さく、印象も弱く感じないでしょうか。冊子体の場合には読者が文字と目の間の距離を読みやすいものに調整す

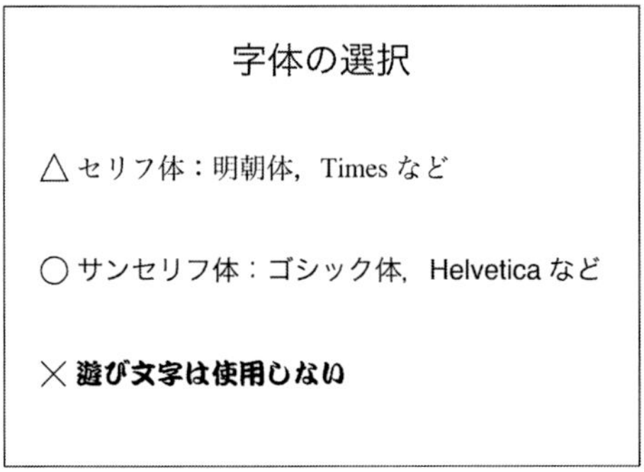

| 字体の選択 |
|---|
| △セリフ体：明朝体，Times など |
| ○サンセリフ体：ゴシック体，Helvetica など |
| ×遊び文字は使用しない |

図３　字体の選択

ることができます。しかしスライドによる口頭発表の場合、聴衆は会場内の座席に着席した状態でいるため、スライドの文字が見にくくても動くことができません。たいていの場合、聴衆とスクリーンとの間には数メートル以上の距離があります。大きな会場になると最後列まで10mを超えることもあります。そのような距離がある会場の後ろの方に座っている人々にまで、スクリーンに映し出された文字を確実に見せる必要があります。そのため、スライドではサンセリフ体の使用が適しています。ゴシック体やHelveticaを基本としましょう。

ときにはユニークな字体（遊び文字）を使いたくなるかもしれません。珍しい字体を使えば、その文字を目立たせたり、聴衆の興味を一瞬でも引き寄せたりすることに成功するかもしれません。しかし遊び文字はゴシック体よりも視認性に劣ります。また遊び文字の使用を悪ふざけと受け取り、気分を害する聴衆も少なからずいるでしょう。そのため、遊び文字の使用は避けた方が賢明でしょう。

- 字体はゴシック系

## 文字の大きさと太さ

スライドにどんなに大切な情報が記されていても、それが聴衆に伝わらなければ意味をなしません。そのため、スライドを作成するにあたっては、会場の最後列からも確実に見える文字の大きさを選択することが極めて重要です。

PCでは文字の大きさを「pt(ポイント)」という単位で表します(図4)。一般に、A4用紙の印刷物に使用されている文字の大きさは10～12ptです。これはmmに換算すると約3.5～4.2mmの大きさに相当します(表1)。しかし、スライド面積に比べると12ptでは小さすぎます(図4)。これでは広い会場の後ろの方の人には見えません。せめて30pt(10.6mm)

表1　文字の大きさと使用例

| pt | mm | 文章 |
|---|---|---|
| 10 | 3.53 | 使用不可 |
| 12 | 4.23 | 使用不可 |
| 18 | 6.35 | グラフの文字や数値 |
| 24 | 8.47 | グラフの文字や数値 |
| 30 | 10.58 | 本文 |
| 36 | 12.70 | 小見出し，本文 |
| 48 | 16.93 | 大見出し，氏名 |
| 60 | 21.17 | タイトル，氏名 |
| 72 | 25.40 | タイトル，氏名 |

文字の大きさ

12 pt ー 使用不可

18 pt ー グラフの文字・数値

24 pt ー グラフの文字・数値

30 pt ー 本文

36 pt ー 小見出し，本文

48 pt ー 大見出し，氏名

60 pt ー タイトル，氏名

図4　A4判に対する文字の大きさのイメージ

以上の文字を使いたいところです。ただし、グラフの縦軸や横軸の数値など、どうしても大きく表現できないところでは18pt(6.4mm)まで小さくせざるを得ないときもあります。そのようときは、その文字が会場の後ろの方では見えていないことを念頭に置き、グラフの縦軸や横軸の見方や、グラフの示す数値を口頭で丁寧に説明するようにしましょう。

発表タイトルや発表者の氏名を発表の冒頭で示すとき、通常それだけのために1枚のスライドを使用します。とくに、タイトルにはこれから話す内容を端的に表す極めて重要な情報が含まれます。そのため、タイトルの長さにもよりますが、60pt(21.2mm)以上のなるべく大きな文字サイズを使用します。発表者の氏名はタイトルと同じ大きさ以下にします。少々小さくてもかまいません。なぜなら多くの場合、発表会の司会者が発表者名を読み上げてくれるからです。また、複数名で構成されるグループの発表の場合には、氏名に用いる文字はタイトルの文字よりも小さい方が全体のバランスがよくなります。

各スライドには見出しをつけます(後述)。見出しは、発表の順序や、情報の筋道だった理解を助けてくれます。見出しの大きさに応じて文字の大きさを変えれば、それだけで何を強調したいのかを暗に伝えることができるでしょう。

たいていの字体では、文字の線の太さを変えることができます。たとえばTimesという字体では、標準体のほかに太字(ボールド体)や斜体(イタリック体)を選択できます。ゴシック体やHelveticaでも同様です。タイトルや見出し、あるいは本文中で強調したい箇所では、太字や斜体を使用すると効果的です。

- 文字の大きさは30pt(10.6mm)以上

## 文字の色・背景

情報を確実に伝えるためには、スライドの色（背景色）にあわせて見やすい文字色を選ぶことも大切なことです。ここでは色の効果を考えるために、まず白（無地）の背景色に黒の文字色を組み合わせることを前提として話を進めていきます。

文字の色を基本色（ここでは黒）から違う色（ただし、赤のような明るい色）に変更すれば、その変更した箇所を他の部分よりも目立たせることができます。つまり、文字色の変更により、その部分を強調する効果が生まれます。これは先に述べた文字の大きさや太さの変更でも可能です。しかし、文章の途中で文字の大きさが部分的に変わると文章がでこぼこして見えるため視覚的に読みにくく感じたり、字体によっては太字を選んでもあまり太くなったように見えなかったりと、期待した強調効果を得られないこともあります。そのため、本文の強調したい箇所で文字色を変更することが効果的だといえるでしょう。

次に色のもつ力について考えてみます。本文の基本色が黒の場合、何色を使えば効果的に強調させることができるでしょうか。一般に、黒板に黄色チョークで書かれた部分は重要な事柄であると私たちは認識します。同様に、参考書に赤色で書かれた部分は暗記するぐらい重要というふうに私たちは感じます。それは学校教育の中でそのように教わってきたからです。そのような慣例に従った色使いをすれば、色の変更箇所は強調箇所であるという説明をとくにしなくても聞き手は理解してくれるはずです。ところが、情報を強調しようとしてその文字の色を灰色にしたとしたら、本文の基本色である黒色より目立たなくなるばかりではなく、聞き手の多くは灰色の部分が重要なところだとは認識しないことでしょう。これではまったくの逆効果です。なぜその色を選ぶのか、その色で期待する効果が得られるのか、色ひとつ選ぶにしてもよくよく考えなければなりません。

一方、広告の安値が赤色で表示されていたり、天気予報の雨マークに青色が使われていたり、安全を示す色に緑が使われていたり、危険や警告を示す色に黄や赤が使われていたりと、私たちが普段の生活の中で慣れ親しんでいる色の使い方というものもあります。もし、天気予報の晴れマークに青色が、雨マークにオレンジ色が使われたとしたら、大きな違和感を感じるはずです。したがって、色を選ぶときには単に目立つという理由だけでなく、強調したい箇所の内容と色のもつイメージとが調和的かどうか気にかけるようにしましょう。色がもつイメージをうまく利用できれば、聴衆にスライドの内容を強く印象づけることができるでしょう。

ここまで、文字色を変えると単に強調するだけではなく、情報の内容さえも印象づける効果があることを学んできました。ただし、注意しておきたいことがあります。それは、色をあれこれと変えることは避けるということです。たとえば、スライドを明るい雰囲気にするためという理由だけで、文字色をいろいろと変えてしまう人がいます。こういう人は、あるスライドでは基本色の黒字に対して赤字の強調色を使用していたのに、次のスライドでは強調色としてピンク色を使用したりしてしまいます。しかし、このような行為はスライドから情報を得ようとする聴衆をいたずらに考えさせ、ときには混乱させてしまいます。なぜなら先ほど説明したように、色には何らかの意図が込められている（と聴衆は受け取る）ため、聴衆は赤色とピンク色の違いが何を表すのかに気を取られてしまうからです。

「重要」という意味をもたせた強調色を赤色と決めたのであれば、スライド全体を通してそれで一貫した方が聴衆の理解を助けてくれます。基本色を１色に決めましょう。そして、その他の強調色を目的に応じて１～２色にとどめましょう。その方が効果的です。

さて、もうひとつ大切なことがあります。それは視認性の高い色を選ぶということです。たとえば、背景が白（無地）の場合、明るい黄色の文字は背景と同化してしまい、非常に見えにくくなります。また、蛍光色やパステルカラー（明るく柔らかい感じの中間色）の中にも背景色と同化しやすい色があります。ただしこればかりは、背景色と文字色の組み合わせにもよるので、一概にどの色が絶対駄目と決めつけることもできません。たとえば、背景が濃い青色であれば黄色の文字はとても見やすくなります。色を選ぶときには、背景と文字色のさまざまな組み合わせを試してみましょう。また他者の発表を見ることで、わかりやすい色の組み合わせとそうでないものを経験的に学ぶこともできます。初心者のうちは、背景には白（無地）を選択し、文字色には黒を選ぶのが最適です。一見味気ない気がするかもしれませんが、白と黒の組み合わせは聴衆にとって見やすいものでありますし、強調色を選択するときに配色で悩むことも少なくなるので、結果的に色で大きな失敗をしないですむからです。

なお、PCのプレゼンテーションソフトウェアでは、ソフトを起動すると、背景色と文字色があらかじめ組み合わされたスライド（テーマ）を選択できます。さまざまなシーンを想定して数多くのテーマが用意されています。発表者は、その中から自分の発表にとって効果的なものを選ばなくてはなりません。ところが、テーマを選ぶときには、「コンピュータに与えられているものだからどれを選んでも間違いない」と決めつけてかかってはいけません。テーマの中には背景が無地ではなく、なんらかの模様を描いているものもあります。その場合、その模様がスライドに載せる文字や図表と干渉して見えにくくなってしまうことがあります。選択したテーマが聴衆にとって見やすいものであるかどうかを気にするようにしましょう。発表者の好みだけでテーマを選ぶことのないようにしたいものです。

- **背景色に対して視認性のよい基本色を１色決める**
- **強調色は目的に応じて１〜２色にとどめる**

### 字間と行間

スライドに表示されている情報の視認性を高めるため、字間と行間にも気を配りましょう。**図５**のＡ〜Ｃの例文には同じ大きさの文字が使用されていますが、見たときの印象がだいぶ違うと思います。これは字間の違いによるものです。たとえ文字が適切な大きさで表示されていたとしても、字間が狭すぎたり広すぎたりしたのでは聴衆にはわかりにくくなってしまいます。PC の場合、文字の大きさに応じた標準の字間があらかじめ設定されていますが、コンピュータまかせにするのではなく、字間が適切に保たれているかどうかを

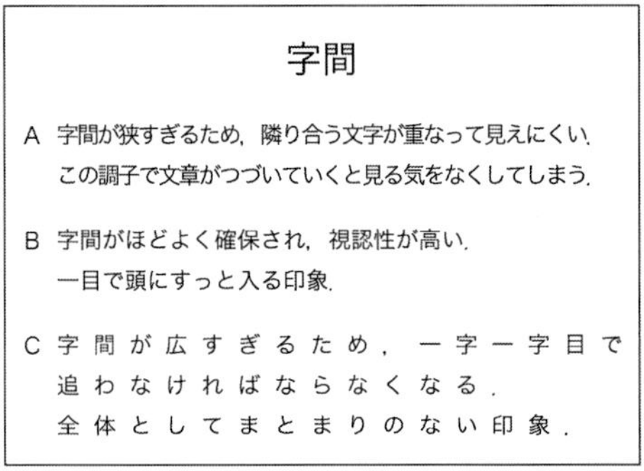

字間

A 字間が狭すぎるため，隣り合う文字が重なって見えにくい．
この調子で文章がつづいていくと見る気をなくしてしまう．

B 字間がほどよく確保され，視認性が高い．
一目で頭にすっと入る印象．

C 字 間 が 広 す ぎ る た め ， 一 字 一 字 目 で
追 わ な け れ ば な ら な く な る ．
全 体 と し て ま と ま り の な い 印 象 ．

図５　字間

自分の目で確認するようにしましょう。そのため、自分の作ったスライドを自分のPCのディスプレイに映し、これを３ｍほど離れたところから見てみるとよいでしょう。

手書きの場合は、字間を一定に保つように心がけましょう。ある文章の中で字間が狭い箇所と広い箇所があると雑な印象を与えてしまうからです。さらに言えば、スライド全体を通して字間がほぼ一定に保たれていれば見栄えがいっそうよくなるはずです。

同様のことが行間についても言えます（図６）。多くの情報を示したいがために行間を狭くしすぎてしまうと文章が読みづらくなり、結果的には情報が伝わらないということにもなりかねません。文章を推敲し、文字数を削り、行間を適切に保ちましょう。どうしても文字数を削減できないなら、その情報を２枚のスライドに分け、行間を適切に保つ工夫をするべきです。

逆に行間が無駄に広すぎるのもよくありません。文章が途中で切れているような印象を与えるおそれがあります。スライド面積に対して情報が少ない場合には、いたずらに行間を広げるのではなく、文字を大きくしてバランスを整えましょう。また、その情報だけの

行間

A　行間がほとんど空いていないため窮屈に感じる．
これでは見る気が失せてしまう．

B　行間がほどよく確保されて，視認性が高い．
これならば見やすく感じるでしょう．

C　行間が無駄に広すぎるため，ひとつの文なのに
途中で切れているように感じる．一目でわからない
ため，理解に時間がかかる．

図６　行間

ために１枚のスライドを使用するべきなのかを検討しましょう。内容的に前後のスライドの中に入れ込むことはできませんか？　それとも１枚のスライドにして強調の効果をねらいますか？　いずれにせよ、スライド全体の中でその示したい情報の位置づけを再検討してみることも大切です。

- 字間と行間は狭すぎず広すぎず

## レイアウト

スライドには本文だけでなく、そのスライドの内容を端的に表す見出し（タイトル）を入れるとわかりやすくなります。たとえば、調査の目的を述べているスライドであれば「目的」、調査方法を述べているスライドであれば「方法」というタイトルを入れるのです。これは聴衆が話の筋を理解する助けになります。タイトルの表示箇所は、スライド上部左端か、上部中央のいずれかに統一するとよいでしょう。

本文では冗長な文章を避け、箇条書きやキーワード、記号などを使い、短く簡潔な表現になるように心がけます。伝えたいことをスライドにそのまま文章で表現してしまうと、聴衆はそのスライドの文章を目で追って読むことに集中し、発表者の話を聞かなくなってしまいます。スライドと発表原稿とは別物です。発表したい情報の欠かせない部分を抽出し、それを一目でわかるような短い言葉で表現し、それだけをスライド上に示します。その方が伝えたい内容を聞き手に強く印象づけることができます。例として図７と図８を示します。図７では最後まで読んでみないと伝えたいことがわかりませんが、図８ではそれが一目でわかると思います。伝えたいことは図７に書いてある文章のとおりですが、この文章の内容を聴衆が理

牛丼

当店のおすすめメニューは牛丼です．うちの牛丼は秘伝のだしを使っているので，ものすごくおいしいですよ！しかもご注文いただいてから３分以内にご提供できます．ボリュームも通常の 1.5 倍あります．それなのに，それなのに，なんと価格は 200 円！他店よりもお安くご提供いたしております．ぜひどなた様もうちのこだわりの牛丼をお召し上がりくださいませ．

店主

図７　レイアウト（わるい例）

牛丼がおすすめ

うまい！　秘伝のだし

はやい！　注文からわずか３分

満　腹　！　1.5 倍の量

やすい！　破格の２００円

図８　レイアウト（よい例）

解するには、聴衆はこの文章を読まなくてはなりません。これでは、発表者が声に出して話す必要がなくなってしまいます。極端な話、この文章をプリントにして配布してもらえば発表者は不要ということになります。そして、聴衆がその文章を本当に読むかどうかはわかりません。ですから発表者は、自分が聴衆に伝えたいことを、話して聞いてもらう部分とスライドで見てもらう部分とに分け、それらを効果的に融合させなくてはならないのです。そのためにも、「読んで」わかるスライドではなく、「見て」わかるスライド作りを心がけましょう。

文章の改行位置にも気を配りましょう。たとえば、「愛知川周辺の農村地域の自然・社会環境」という文があったとします（図９）。この文を大きな文字で示すためには、どこかで改行しなければなりません。下のわるい例のように、単語の途中で改行されると、見て理解しようとするときに聴衆は一瞬考えてしまいます。上の例のように、文節や意味の区切りのよいところで改行しましょう。また改行したときに、上の行よりも下の行の方が長くなるとバランスがわるくなるので注意します。

図（写真を含む）や表は情報を凝縮させ視覚的にわかりやすくしてくれます。調査をおこなった現地の写真を見せたり、分析データを図や表に加工して見せたりすれば、文章と話だけで説明するよりも説得力がはるかに高まります。しかし、１枚のスライドに何枚もの図表を押し込めてしまうと情報量が多すぎてかえってわかりにくくなってしまい、逆効果です。図や表を見せるときは、スライドに大きく１枚だけ載せることを基本としましょう。２枚の図を比較して見せたいときにも、まずそれぞれの図を個別のスライドで説明して

改行位置

◯ 愛知川周辺の農村地域の
自然・社会環境

× 愛知川周辺の農村地域の自然・社
会環境

図９　改行位置

から、そのあとで２枚の図を並べて１枚のスライドにして示しましょう。その方が聴衆の理解度は高まります。

文献資料やインターネットからデータを引用してスライドに示す場合には、引用した箇所の近くにそれとわかるように出典を示します。スライド上では出典を簡略化してかまいません。たとえば、文献であれば著者と年号だけ、インターネットであればサイト名だけを示せば十分です。なぜなら、出典を余すことなく記述しようとするとスライドのかなりの面積を占めてしまうからです。また、聞き手が出典を正確に知りたいと思えば、質疑応答の時間を使って発表者に質問することもできます。ただし、発表者は出典を正確に答えられるよう準備しておきましょう。

- スライドにはタイトルを入れる
- 文は短く簡潔に、大事なことだけを厳選して
- 改行位置に注意
- １枚のスライドに図表は１枚
- 引用データはそれとわかるように

## 発表原稿

スライドがひととおりできたら発表原稿を作成します。発表時に原稿を見るか見ないかは別にして、発表原稿は作成しておくべきです。なぜなら、発表原稿を準備してリハーサルをすることで、制限時間を超過してはいないか、短すぎることなく時間を十分に使い切って発表を終えることができるかどうかを確認することができるからです。また後述するように、発表原稿を書くことはスライドに書かれてある内容と話の内容に整合性があるかを確認する作業にもなるからです。

発表原稿は、ひととおり作成できたスライドを一枚ずつ見ながら書き進めていきます。なぜなら、スライドには話すべきストーリーの要点が書かれているからです。聴衆はスライドを見ながら話を理解しようとしますから、スライドの内容と話の内容が対応していなければなりません。各スライドに書かれてある文や図表を理解してもらうにはどのように話したらよいかということを意識して原稿を書いてみましょう。

また、スライドに書かれていないことを口頭だけで長々と説明されると、聴衆の理解が追いつかないことがあります。原稿を書く段階で、スライドには表現されていない事柄に対して長い説明がどうしても必要だと気づいたときには、その説明にあったスライドを新たに加えるようにしましょう。

各スライドに対応した原稿を作成できたら、スライドとスライドの間をつなぐ言葉も原稿に加えます。聴衆はスライドを見ながら話を聞いて発表者の思考の流れをたどります。そして、あるスライドと次のスライドとの間には論理的なつながりがあるはずです。たとえば、発表の冒頭で「結論」というスライドを見せて「結論は○○です」と述べたとします。ここでなんのつなぎの言葉もなく、次のスライドで「調査方法」というスライドを見せて「調査方法は次の三つです」と述べたとしたら、聞き手には「調査方法」というスライドが唐突に感じられ、なぜ調査方法の話が出てきたのか理解できないはずです。「結論は○○です」と「調査方法は次の三つです」の間に、「この結論に至った理由をいまから説明します。私たちは○○町で調査をおこないました」という一言が入れば、両者のスライドの間につながりが生まれます。

原稿を書いていて、あるスライドと次のスライドとの間につなぎの言葉をうまく入れられなかったとしたら、それは両者のスライドの論理的なつながりが弱いことを意味しています。このような場合には、ストーリーを点検し、必要に応じてスライドの順番を入れ替えてみたり、スライドを足したり引いたりすることが必要です。

発表原稿では、短く単純な文を用いましょう。聴衆は発表者の話を聞きながら理解しようとします。それなのに一文が何行にもなるような複雑な論理で構成された文章を読んで聞かされたとしたら、聞き手は話についていけなくなります。発表でふだん聞き慣れない用語や音が聞き取りにくい単語を使うことも禁物です。また、原稿を書いているとつい「書き言葉」になりがちですが、聞いてわかる「話し言葉」で書きましょう。たとえば、文章でよく使われる「先述のように～」という表現は、「先ほどは○○と言いました。これは～」などのように聞いてわかりやすい表現に言い換えることが必要です。

原稿はA5判程度の厚手の紙に、話すべきことを大きめの字で書いておくとわかりやすいです。口頭発表の場合、スライドをスクリーンに投影する都合上、会場内の照明が薄暗くなります。そのような状態では、A4判用紙に小さい文字で書かれた原稿を読むのは一苦労です。また、マイクやレーザーポインター（指し棒）をもつために片手がふさがることがあるので、手持ちしやすいA5判程度の厚手の紙がおすすめです。スライド1枚に対してA5判の原稿カード1枚を使用すれば、スライド交換のタイミングで原稿カードも次のページ用のものに切り替えられます。発表で話すことのすべてを1枚の紙に収めようとすると、字も小さくなりますし、スライド交換で原稿から顔を上げた後につづきがどこだったかわかりにくくなります。

発表原稿がひととおり仕上がったら実際に声に出して読んでみましょう。読みにくいところや聞き取りにくいところがあれば表現を改めます。その次には時間を計って読んでみましょう。この段階では、心持ちゆっくり読んでも制限時間が１～２分余るくらいがよいでしょう。なぜなら、実際の発表ではスライドをレーザーポインターで指し示したり、次のスライドに交換したりといった動作も加わるので、ただ原稿を読むよりも時間を多く費やしてしまうからです。また、読んでわかるスピードと聞いてわかるスピードは違います。意識せずに普通のスピードで読むと、それはたいてい聞き手にとっては速すぎるので注意しましょう。一方、制限時間を超過してしまった場合には原稿を手直しします。制限時間に対して大幅に超過してしまう場合や、逆に短すぎる場合には、ストーリーを見直す必要があります。

- 発表原稿を作成しながらスライドとストーリーを再チェック
- 聞いてわかる話し言葉で、短く単純な文を用いる
- A5判用紙に大きな文字で

## 話し方

どんなに素晴らしいスライドと発表原稿が仕上がったとしても、発表時に小さな声でもごもごと話をしてしまえば、聴衆はその話を聞き取れず、発表内容を理解できません。そのため、発表時の声量は聞き取りやすいものでなければなりません。会場の最後列まで聞こえるような声の大きさで話をしましょう。会場の広さによってはマイクの使用を義務づけられますから、ふだんから声が小さめだという人はマイクの力を借りることができます。また、声の大小にかかわらず、口をあまり開かずにもごもご話してしまうと、その声

は聞き取りにくいものになります。口をはっきりと開いて話すように意識しましょう。そのためには、唇をしっかりと動かすように意識することが大切です。

話すスピードにも気を配りましょう。あまりにも早口だと、聴衆の理解が追いつかなくなり、ついには話を聞いてもらえなくなります。目安としては、聴衆が話を聞きながら要点をメモできるくらいのスピードで話をします。それはふだん意識せずに話しているスピードよりもゆっくりとしたスピードだと思ってください。人によっては緊張すると早口になる傾向がありますから、リハーサルを通じて自分の癖を認識するとともに、一定のスピードで話せるように練習をしましょう。具体的には、テレビのニュースでアナウンサーが原稿を読んでいるときのスピードをイメージしてください。

話をするときには、身体を聴衆の方に向けましょう。スクリーンを指し示すため、あるいはスクリーンに映し出されていることを読み上げるために、身体の全体がスクリーンの方に向いてしまう人がいます。これでは聴衆には背中を向けた状態で話をすることになり、とくに肉声で発表しているときには声が会場全体に行き渡りません。また背中を向けられたことで、聴衆は聞く気をなくしたり気分を害するかもしれません。スクリーンを指し示す場合にも、足先を聴衆側に向けるようにすると、身体全体がスクリーンを向くことを防げるようになります。

話をするときには身体を聴衆の方に向けることに加え、聴衆の顔も見ましょう。そのため、発表原稿の内容を頭に入れておくことが理想です。多少言葉を噛んだり詰まったりしても、顔を見てゆっくり語りかけられる言葉は聞いている人に届きやすいものです。発表原稿を完全に覚えられなかったときには、発表時に手元の原稿を見てもかまいません。ただし、話の節目には時折顔を上げ、意識して聴衆に目をやりましょう。それだけでもずいぶん聞きやすくなるはずです。ただし、特定の聴衆の顔ばかりを見るのではなく、聴衆全員の顔を見渡すように意識することも大切です。

- 会場全体に届く声の大きさで話す
- 早口にならないように
- 身体と顔を聞き手に向ける

## レーザーポインターと指し棒の使い方

スライドがスクリーンに映し出され、その特定の箇所を聴衆に見てもらいたいときには、レーザーポインターや指し棒を使います。たいていの人は指し棒を使った経験をもっていると思います。指し棒の場合、見てほしい箇所を指し棒の先で直接指し示すという使い方をします。一方、レーザーポインターを使う場合には、見てほしい箇所にレーザー光を照射して指し示します。レーザー光はかなりの距離まで届くので、指し棒と違って離れた位置からでもスクリーンを指し示すことができます。また薄暗い会場内でもよく見えます。

レーザーポインターからは、ボタンを押している間だけ、レーザー光が照射されます。スクリーンの指し示したい箇所にレーザー光の位置を合わせて照射しましょう。このとき、手ぶれするとレーザー光も揺れてしまいます。レーザーポインターを持っている手の肘を直角に曲げた状態で脇を締め、上腕を身体に添わせることで、手ぶれを極力防ぐことができます。また、説明をする間、指し示したい箇所にずっとレーザー光を当て続けようとするとどうしてもレーザー光が揺れてしまいがちです。レーザー光を常に照射する必要はありません。話の要所で、聴衆の視線を引く程度の時間だけ、レーザー光を照射すれば十分です。一方、聴衆の注意を引こうとしてレーザー光をぐるぐる回し続ける行為は逆効果です。レーザー光がスクリーンをぐるぐる回ることは、聴衆にとっては目障りで話に集中できない原因になるのでやめましょう。そのうえ、レーザー光を早く振ってしまうと、光がかすれてしまい聴衆には見えにくくなってしまいます。また、レーザー光が目にあたると、その目を痛めてしまいます。ですからレーザー光を人に向けてはいけません。それを避けるためにも、指し示したい箇所へのレーザー光の照射が済んだら速やかにボタンから手を離しましょう。

発表者とスクリーンとの距離が近く、スクリーンの指し示したい箇所に指し棒が届くのであれば、指し棒を使用してもかまいません。話の要所で、スクリーンの指し示したい箇所に指し棒の先を添えます。指し棒を添える時間は、聴衆の視線を引くある程度の間(ま)だけで十分です。ただし、指し棒でスクリーンをたたいたり、ひっかいたりしてはいけません。聴衆の注意を引こうとしてこういうことをする人がいますが、スクリーンが揺れたり、スクリーンから嫌な音が出たりしてしまい、かえって聴衆に不快な思いをさせてしまいます。

なお、実物投影機を使用する場合は、スクリーンではなく、スライドをペンや指で直接指し示すこともできます。また指し示すだけでなく、赤ペンで線を引いたり丸をつけたりしてスライドに直接書き込めば、実物投影機ならではの動きのある発表にすることもできます。

- 必要なときだけレーザーポインターを照射
- レーザーポインターを回したり振ったりしない
- 指し棒でスクリーンを叩いたり引っかいたりしない

## 発表者の立ち位置

口頭発表では、発表者は起立した状態で発表し、聴衆は座席に着席した状態で発表を聞くのが一般的です。発表者の最初の立ち位置は、発表者のための演台(机)が用意されていればその前ということになります。演台がない場合には、発表会の司会者に立ち位置を指定されるはずです。しかし、スライドを用いて説明をはじめるときには、立ち位置を変えなくてはならないことが多くあります。なぜなら、スクリーンを遮る位置に立つわけにはいかないからです。スクリーンの設置位置と角度によっては、会場の前方両端からはスクリーンが発表者の体の陰に入ってしまうことがあります。そうならないよう、なるべくスクリーンの脇に立ち、発表中は聴衆の視線を遮っていないか気を配るようにしましょう。グループ発表の場合、複数名がスクリーンの近くに立つことになります。このとき話をしている１名の学生以外の者、すなわち話す順番待ちの学生もスクリーンを不用意に遮らないように注意しましょう。

- 発表中はスクリーンを遮らないように

## リハーサル

発表時の立ち位置、レーザーポインターあるいは指し棒の使い方、そして適切な声の大きさや話すスピードを身につけるには、発表のリハーサルをおこなうことが一番効果的です。発表原稿を繰り返し読み込めば話したいことが無理なく頭に入るので、自然と声も大きく出やすくなりますし、滑舌もよくなります。声の大きさや話すスピードは、それでよいのかわるいのか自分では気づきにくいことですから、誰かに聞いてもらうことが理想です。しかし、なんらかの事情でそれができないときには、発声音声を録音したり、リハーサル風景そのものをビデオ撮影したりして、それを自分でチェックしてみましょう。複数名からなる班による発表をおこなう場合には、班のメンバー全員でリハーサルすることが大切です。発表が時間内に収まるのか、話す順番の入れ替わりやスライド交換は円滑におこなえるのか、リハーサルをして確かめてみましょう。たった一度だけでもリハーサルをしていれば、本番の発表はぐっとよくなるはずです。

また、PCの画面上で確認した時と、実際にプロジェクターで映した時の色合いが異なり、見にくくなる場合があります。リハーサルの際に確認し、微調整しておきましょう。

- 声の大きさ、話すスピード、所要時間などを確認
- プロジェクターで映した時の色合いを、前もって映写して微調整

## 質疑応答

環境フィールドワークの成果発表会は、フィールドワークで発見したことを他者に伝え、自分の考えを他者と共有し、互いに意見を交わすためにおこなわれています。発表終了後の質疑応答の時間を使って、聞き手はわからなかったところを質問したり、問題点を指摘したり、発表者とは異なる意見を述べたりしてください。そうすることによって、初めて発表者と聞き手とが相互に考えを深めることができるのです。

はじめに述べたように、発表終了後にはある一定の質疑応答時間が設けられ、この時間を使って初めて聴衆は質問をしたり意見を述べたりすることができます。通常、質疑応答の時間は発表時間よりも短くなります。たとえば15分の発表時間に対して５分の質疑応答、

10分の発表時間に対して２分の質疑応答といった具合です。限られた時間の中で、有意義な議論をするために、いくつかのマナーがあります。

まず質問や意見がある人は手を挙げましょう。司会者から当てられてはじめて発言が認められます。当てられたら質問者は起立し所属と氏名を述べます。学内の発表会では「○○学科の○○です」と言えばよいでしょう。質問者はこれから話すことが質問なのか意見なのかをはっきり区別し、その内容を端的な言葉で伝えましょう。質問や意見は発表者に向けられたものではありますが、会場内の全員が共有すべき情報ですから、全員が聞き取れる大きさの声で話しましょう。発表者との距離が近いと、つい発表者だけに聞こえる声で話してしまいがちですが、これではいけません。また、一度にいくつも質問してはいけません。１回当てられたら、その中で質問できる項目は二つまでです。これは限られた時間の中でなるべく多くの人に質問する機会をもってもらうためのマナーです。同様の理由で、長々とした質問をおこなうこともやめましょう。ただし、質疑応答の時間が余っているときには、再度手を挙げてもかまいません。質問や意見を述べたら着席し、発表者からの回答を待ちます。

発表者は、質問者の質問や意見を最後まで聞くようにしましょう。発言を途中で遮ってはいけません。もし質問の内容が理解できなかったときには、質問者にもう一度聞き直してもかまいません。そのうえで発表者は、質問者だけでなく会場内の全員が聞き取れる声の大きさで返答しましょう。また、質問には端的に答えなければなりません。直接的な答えを最初に述べて、それからその理由を述べましょう。質問や意見に回答するときには、必要に応じてスライドを示すのも有効です。

発表者から回答があり、それに納得したならば、質問者はお礼を述べて質疑終了となります。納得できなければ、その場で議論を重ねてもかまいません。ただし時間が限られていますから、どの程度の議論が可能かどうかは司会者の指示に従いましょう。議論が長くなりそうなときは、発表会終了後に個人的に質問するようにします。

質疑応答で建設的な議論をするためには、質問者も発表者も感情的になってはいけません。お互い相手に敬意を払いながら質疑応答に臨みましょう。ときには厳しい質問や批判が来るかもしれません。しかし、それは発表者の主張や結論の妥当性を相互に検討するためであって、発表内容を正当に評価するためには欠かせないものです。発表者の主張が真っ向から反論されたとしても、発表者自身の人格が否定されたわけではないので、怒ったり落ち込んだりしないようにしましょう。また、質問者が発表者を傷つけないように遠回しな言い方をするのも間違った行為です。厳しい質問とそれへの応答がきっかけになり、新しい発見へ向けての研究のきっかけになることさえあるからです。もちろん、発表内容とは関係のないことで発表者の人格を否定するような発言をしてはいけません。

質疑応答では積極的な発言を心がけましょう。活発な議論によって考えが深まり、フィールドワークはよりいっそう実りあるものになるはずです。

- **質問は名乗ってから**
- **発言は端的に**
- **感情的にならないように**

## おわりに

各項目の最後には、重要な点をチェック項目としてゴシック太字で記しています。発表の準備をするとき、基本が守られているかどうかの確認に活用してください。

- チェック項目で発表の基本を確認

（堂満華子・倉茂好匡）

滋賀県立大学環境フィールドワーク研究会（2009）『フィールドワーク心得帖』（下），サンライズ出版.

## コラム4　図表の作り方

レポートや論文を作成する際、あるいはプレゼンテーションをする際、数値データを利用して調査内容や分析結果を示すことがよくあります。その際、図表を使用することにより、示したいデータを効果的にわかりやすく伝えることができます。表は、数値以外の情報を項目ごとにまとめるのにも利用できます。

**図の作り方**

図は数値データを視覚的に表現する目的に適しています。図にはさまざまな種類がありますが、図を利用して議論したいことがらによりその種類を選択します。例えば、数値の大きさを示したい場合は棒グラフ、割合を示したい場合は円グラフ、そしてデータを時系列で示したい場合は折れ線グラフがよく利用されます。

代表的な図の例として、棒グラフを示します（図１）。図１は滋賀県立大学における各学部の収容定員と在籍人数を示しています。この図では数値データそのものを示しているため棒グラフを利用していますが、学部ごとの人数の割合を示し

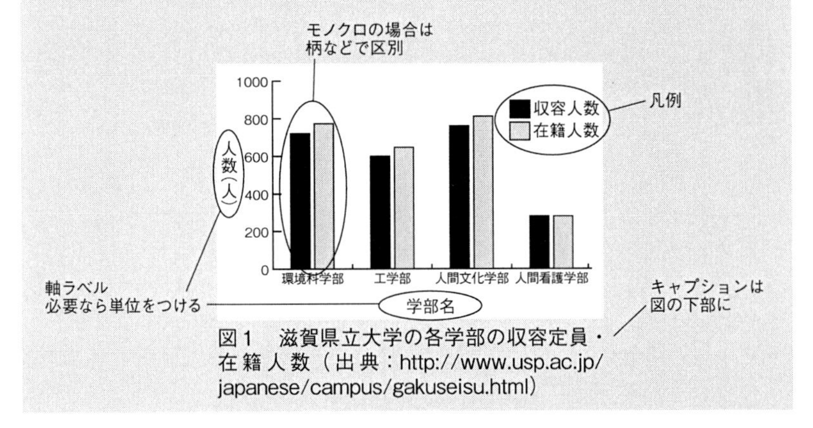


図１　滋賀県立大学の各学部の収容定員・在籍人数（出典：http://www.usp.ac.jp/japanese/campus/gakuseisu.html）

たい場合は円グラフを利用するのが適当でしょう。

図を作成するにあたって、いくつかの注意事項があります。その代表的なものを以下にまとめます。

- 縦軸・横軸には軸ラベルを付ける。また、単位をいれる。
- 凡例（図の各要素が何を表しているか）を示す（図の要素が一つだけの場合は必要ない）。
- 図のキャプション（説明書き）は原則として図の下部に図番号とともにいれる。また複数の図を使用する場合は、通し番号（図1、図2…）を付ける。

これらの注意事項を守ったうえで、何より大切なことは相手（読み手・聞き手）にとっての「見やすさ」です。パソコンの操作に慣れてくると凝った図を作成したくなりますが、凝り過ぎた図は見やすさに劣り、結果的に相手に伝わりにくくなります。そのため以下のことにも注意しましょう。

- できる限りシンプルな図とする（図に示されている要素が複雑になっているとその内容が伝わりづらくなる）。
- 図をモノクロで示す場合は、それぞれの要素が区別できるかどうかに注意する。
- 適切な大きさの文字にする（小さすぎず・大きすぎず）。

レポートで図を利用する場合、マイクロソフトのExcelで図を作成し、それをWordにコピー＆ペーストすることが多いと思います。その場合、図はExcel上で作成してしまい、Wordには[形式を選択して貼り付け]→[図（拡張メタファイル）]で貼り付けると、きれいな図となります。

**表の作り方**

図と比較して表は視覚的な表現力には劣りますが、数値データそのものを詳細に示すことができます。表1は図1と同じデータを表にまとめたものです。図1と同じことを表していますが、二つからどのような違いが感じられるでしょうか？おそらく、図はデータの大小関係が一目瞭然ですが、表では少し詳しく見ないとそれがわかりません。一方で、表は一の位まで正確に数値が読み取れます。

表を作成するにあたって、いくつかの注意事項があります。その代表的なものを以下にまとめます（いくつかの点は図の作成に対する注意事項と同じです）。図と同様に何よりも相手にとっての「見やすさ」が大切です。

表1　滋賀県立大学の各学部の収容定員・在籍人数

| | 収容人数（人） | 在籍人数（人） |
|---|---|---|
| 環境科学部 | 720 | 773 |
| 工学部 | 600 | 646 |
| 人間文化学部 | 760 | 811 |
| 人間看護学部 | 280 | 279 |

出典：http://www.usp.ac.jp/japanese/campus/gakuseisu.html

キャプションは表の上部に

項目名
必要なら単位をつける

- データの項目名を入れる（表1では、「環境科学部」や「収容人数」など）。また、単位をいれる。
- 罫線の引き方には特定の決まりはないが、項目とデータの関係がわかりやすくなるように引く。
- 表のキャプション（説明書き）は原則として表の上部に表番号とともにいれる。また複数の表を使用する場合は、通し番号を付ける（表1、表2…）。
- できる限りシンプルな表とする。
- 適切な大きさの文字にする（小さすぎず、大きすぎず）。

レポートで表を利用する場合、Word で直接作成するのがよいでしょう。また、Excel で作成した表を Word にコピー&ペーストすることもできます。

最後になりますが、レポートで図表を使用する場合は、必ず本文中でその説明をしてください。

（松本健一）

# 8
# レポートの書き方

## 調査結果をレポートにまとめよう

この章では、フィールドワーク実習における調査結果をレポートとしてまとめる方法について解説します。

学校の授業で作成するレポートの目的は、「問題を提起する能力」「必要な情報を調べる能力」「総合的・論理的に考え、答えを作る能力」「人に考えを伝える」「文章を書く能力」を養うことを主眼としています。さらに、レポートを書くという作業によって、漠然としていた調査結果が頭の中で整理されて筋道の通ったものになるという利点もあります。

高校までに、作文や感想文を書いたことはあると思いますが、論文やレポートはこれらと似て非なるものです。感想文は基本的に自分の感じたこと、思ったことを書けばよいですが、レポートや論文はある問題を提起してその答えを書くものです。

滋賀県立大学環境科学部のフィールドワーク実習においては、理系の学術論文に準じた構成でレポートを記述することになっています。卒業論文や学術論文は、学生実習のレポートと基本的な書き方は似ていますが、何らかの未解決な問題を解明し、学術の発展に寄与することが求められる点で、実習のレポートよりさらに高度なものです。学生実習の結果をまとめてレポートを書くという作業を積み上げることで、将来卒業論文や学術論文を執筆するための基礎的な能力を身につけることができます。

### レポートとは情報伝達の手段である

レポートとはreport、すなわち「報告」、「報告する」という意味の英語に由来する言葉で、人にものを伝える手段です。ポイントを押さえた情報伝達のコツとして「５Ｗ１Ｈ」すなわち、Who（誰が）、What（何を）、When（いつ）、Where（どこで）、Why（なぜ）、How（どのように）を明確にする、というのは従来から言われています。レポートにもこれが当てはまります。また、近年では、数値データの重要性を示すために「どのくらい（How much ／ How many）」を加えて、５Ｗ２Ｈとすることもあります。

### 読んでもらえるレポートを書こう

せっかくフィールドワークのレポートを書くのだから、読んでもらえるレポートを書くように努めましょう。必要な情報がわかりやすく含まれていることが、読んでもらえるレポート作成のカギです。読んでもらえる文章を書くことは、論文を書くのに役立つだけでなく、就職活動のエントリーシートなどの、自分をアピールする文章を作る練習にもなります。

手書きで配布されたレポート用紙に直接書き込む形式の場合、パソコンで作成するレポートに加えて、特に注意するべき事項があります。できるだけきれいな字で書くのはもちろんですが、書き間違えたところを消しゴムで消さずに鉛筆で塗りつぶしているのも減点対象です。配られた紙に直接書くのではなく、まず、用紙のコピーをとり、下書きをしましょう。提出するレポートは人の目に触れるものであることをよく考え、授業中に教員から受けた注意事項などのメモ書きを提出用の様式の余白に書いたまま提出しないようにしましょう。

また、与えられたスペースに相当した量の文章を作成してください。余白が多すぎてスカスカだと書き手の意欲が感じられず、読む教員の方もテンションが下がります。逆に虫眼鏡を使わないと読めないような字の大きさでぎっしり書いているのも、適切な長さにまとめられないことを意味しています。手書き、ワープロ作成のいずれでも、字の大きさは様式に記載されている文字より極端に小さくならないようにしましょう。

## フィールドワーク実習はレポートの執筆・提出をもって完結する

フィールドワークは野外における活動ですが、現地に行って帰ってきただけでは観光旅行や遠足と同じです。

準備（フィールドワークに行く前）
調査（フィールドワークによる現地調査）
結果のまとめ、レポート作成（フィールドワークに行った後）

フィールドワークはこの３段階から構成されています。野外調査の初心者は、現地に行けば何とかなると思っている人が多いのですが、これは大きな誤解です。成功するフィールドワークには、入念な準備が不可欠です。また、現地で収集したデータやサンプルの解析には、野外調査で費やした労力・時間の数倍手間がかかるのはごく通常のことです。調査の集大成として、調査結果をレポートにまとめることでフィールドワークは完結します。

フィールドワークの準備や調査を行う際にも、活動の集大成としてレポートを書くことを想定しましょう。レポートの様式が決められている場合は、必ず準備段階で目を通し、レポートに書くべき項目として挙げられている情報を列挙します。現地でどんな情報を収集すべきか作戦を立ててから調査に出かけましょう。

前述したように、レポートに限らず、人に情報を伝える際には、可能な限り具体的な数値を示すことがわかりやすさと説得力につながります。そのためには、調査の際に積極的に数値データを取る必要があります。また、画像をレポートに加えることが可能な場合は、写真・スケッチなどの画像データが得られるように、カメラやスケッチブックなどの道具を前もって準備します。

### レポートの構成

論文には型があり、標準的な理系の学術論文は以下の八つの要素から構成されています。

1）タイトル
2）要旨
3）緒言（序論、イントロダクション、緒論）
4）方法
5）結果
6）考察（議論）
7）謝辞
8）引用文献

以上のうち、5）と6）は「結果と考察」としてまとめて書く場合もあります。また、2）、7）、8）はレポートでは必ずしも必要

【フィールドワーク調査　レポート用紙】

タイトル　カレーハウス「C」における鹿肉入りメニューの食味に関する報告

2014年10月31日

班名（A）学籍番号（1400000）氏名（県大　花子）

1．要旨

野生ニホンジカ（*Cervus nippon*）による獣害に対する方策の一環として、鹿肉の有効利用法の開発が望まれている。鹿肉入りカレーの食味調査を行い、新食材としての利用が可能であると結論した。

2．序論

1）**調査地の現状**：鹿肉の消費拡大の一環として、滋賀県内のカレーハウス「C」では、鹿肉入りメニューの開発および販売を行っている。鹿肉の食材としての利用の可能性を検討するため、その食味について調査した。

2）**問題の発見と本調査の意義**：滋賀県内生息の野生ニホンジカ（*Cervus nippon*）は適正生息数を大きく上回っている[1)]。ニホンジカによる農作物の食害などの獣害が社会問題化しているため、猟友会による駆除が行われている。捕獲費用ねん出のための鹿肉の有効利用法の開発が、駆除の大きな推進力になると考えられているが、鹿肉を食べる習慣が一般的でない日本では、現在捕獲後ほとんどが廃棄処理されている。

3．方法

1）**日程、調査地**：本調査は平成26年10月10日19時～20時、カレーハウス「C」、〇〇支店（滋賀県彦根市、北緯35度16分、東経136度15分）において行った。

2）**調査法**：メニューから鹿肉を含む「近江日野産天然鹿カレー」を選び注文した。ごはんの量は普通盛り（一人前300 g）とし、カレーの辛さは普通（一般的な中辛程度）とした。得られたカレーより目視で確認可能な内容物の重量を計測した後、食味試験を行った。

4．結果

一人前の「近江日野産天然鹿カレー」には、タマネギおよびニンジンなどとともに、鹿肉6片（一片30＋３ g）が用いられていた。目視では鹿肉と牛肉との判別は困難であった。しかし、鹿肉の食味は牛肉とは異なり、より歯ごたえがありあっさりした味わいであった。

5．考察

本調査により、鹿肉のカレーは従来日本で主に食されている牛、豚、鶏のいずれとも異なる好ましい味わいがあることが判明した。鹿肉は前処理が難しいとされているが[2)]、適切な処理により食材としての活用が可能であることが示された。本調査では中辛程度のカレーを合わせて食味試験を行ったが、辛口および甘口カレーを用いた調査も今後望まれる。

本調査を行ったカレーハウス「C」では滋賀県内の10店舗で「近江日野産天然鹿カレー」を提供している。また、これ以外にも「鹿肉の竜田揚げカレー」などを滋賀県内の他店舗で取り扱い、好評を博している。鹿肉料理は滋賀県発の新しい食材として今後全国への展開が期待される。

6．引用文献

1）http://www.pref.shiga.lg.jp/d/rimmu/cyoujyuu/files/plan.pdf（滋賀県特定鳥獣保護管理計画（ニホンジカ）、平成26年10月20日閲覧）.

2）松井賢一（2010）ジビエ料理の普及は、獣害対策につながるのか？～「鹿肉利活用」のポイントは、「販路の確保」と「調理法の普及」～、日本鹿研究、１：21-26.

とされない場合もあります。

実際のフィールドワーク実習レポートの様式（滋賀県立大学の例）は添付のようになります。この様式では、章立てが既に与えられています。様式の中に章立てが与えられていない、もしくはまったくの自由記述形式でレポートを書く場合でも、上のような型に従って作成することを勧めます。

## 論文を構成する項目

論文を構成するそれぞれの項目について説明します。ここでは、フィールドワークの活動内容として、滋賀県内の河川流域における調査を記述したレポートから文例を取っています。さらに、鹿肉を利用したカレーのグルメレポートをサンプルレポートとして挙げます。

### 1）タイトル

このレポートがもし冊子になるとすると、目次の項目に現れるのはタイトルと著者名のみです。タイトルは、「ミニ要旨」と位置付け、レポート全文を読まなくても大まかな内容がわかる、さらにそのレポートを読みたいという興味を持たせられるように工夫しましょう。たとえば、サンプルレポートのタイトルは、以下のようになっています。

「カレーハウス「C」における鹿肉入りメニューの食味に関する報告」

これがもし、「おいしいカレーに関する報告」だったらどうでしょうか。獣害問題や鹿肉の調理法に興味を持っている潜在的な読者が、タイトルの付け方が適切でないためにあなたのレポートを見落としてしまうかもしれません。逆に、このレポートを目にとめてくれた人がもし、カレーのスパイスの調合法が知りたい人や、スーパーで簡単に入手可能な食材を使ったカレーが食べたい人だったら、知りたい情報が含まれておらず、期待して読んだ後がっかりしてしまう可能性もあります。

「犬上川の河川改修が流域の生物に及ぼす影響」
「矢倉川における洪水対策とその有効性」
「指標生物を用いた犬上川上流域と下流域の水質判定」

などのように、調査内容がはっきりわかる、キーワードが適度に含まれたタイトルをつけることを推奨します。

「ゴミについて」
「犬上川の危機」
「川と生物」

といったタイトルは情報不足といえます。

2）要旨

学生実習では、レポートの様式によって、要旨という項目が設けられていないこともあります。しかし、学術論文においては、要旨は非常に重要です。せっかく書いた文書が、できるだけ多くの人に読んでもらえるように、自分の調査したことが誰かの役に立つように、うまくまとめる工夫をしましょう。

研究内容と結果は要旨のみで理解できるように書きます。卒業論文でも、タイトルと要旨は一般公開されている場合がしばしば見られます。学術論文の場合、有料の学術雑誌でも多くの場合タイトルと要旨のみは無料で閲覧できます。また、要旨の字数（英文論文だとWord 数）には制限が設けられていることが多く、規定の制限字数を越えると、それだけで掲載を断られることがあります。

> 野生ニホンジカ（*Cervus nippon*）による獣害に対する対策の一環として、鹿肉の有効利用法の開発が望まれている。鹿肉入りカレーの食味調査を行い、その食材としての可能性を検討した。

学術論文の要旨は、本文を伴わない要旨のみの単独でも閲覧・検索される可能性があるので、キーワードとしてこのレポートを特徴づける単語は盛り込んでおきましょう。この場合でいうと、「ニホンジカ」、「*Cervus nippon*」、「獣害」、「鹿肉」、「カレー」、「食味調査」などが該当します。適切なキーワードを要旨に入れることで、インターネットによる文献検索で、あなたの論文に興味をもってくれる人、あなたが調査した内容を役立ててくれる人が見つけてくれる可能性が高くなります。

### 3）緒言（序論、イントロダクション、緒論）

この項目では、「Why（なぜ）」筆者がこの調査をおこなったのか、その意図について書きます。「わたしが調べたいと思ったから調べました」ではなく、誰が読んでも納得できるような、調査の動機づけをうまく書くのがこの章です。このテーマについて、これまでにわかっていることと、わかっていないことを記述することで、この調査を行った理由と意義を述べます。

具体的には、背景、問題の提起、調査の目的、調査方法を選んだ経緯などを書きます。実際に学術論文・卒業論文を書くときには、緒言と考察が最も時間がかかります。緒言で要求されている事項を記述するには知識が必要で、つまり勉強してからでないとこの項目は書けないからです。

ちなみに序論は、緒言（しょげん）とも言われています。ごんべんの諸言（ちょげん、しょげん）はいとへんの緒言の誤りだといわれています。また、分野によっては、緒言の最終段落に、論文の研究結果を書くことが慣習となっています。

見本として示したレポート用紙では、初心者に道筋をつけるため２項目に分けて書くように指示しています。実際のレポートでは、１）調査地の現状　と　２）問題の発見と本調査の意義　に相当する項目の順番が逆となることもあります。ここでは、きちんと勉強していることを示すため、参考文献から引用した記述を入れ、１）のように示します。

> 鹿肉の消費拡大の一環として、滋賀県内のカレーハウス「C」では、鹿肉入りメニューの開発および販売を行っている。鹿肉の食材としての利用の可能性を検討するため、その食味について調査した。
>
> 滋賀県内生息の野生ニホンジカ（*Cervus nippon*）は適正生息数を大きく上回っている[1)]。ニホンジカによる農作物の食害などの獣害が社会問題化しているため、猟友会による駆除が行われている。捕獲費用ねん出のための鹿肉の有効利用法の開発が、駆除の大きな推進力になると考えられているが、鹿肉を食べる習慣が一般的でない日本では、現在捕獲後ほとんどが廃棄処理されている。

生物の名前は「ニホンジカ」のようにカタカナとします。本稿では、食材の「鹿」、「鹿肉」を漢字表記して区別しています。

**4）方法**

What（何を）、When（いつ）、Where（どこで）、How（どのように）を記述する項目です。何を対象として、いつ、どこで、どのような方法で調査したのか、このレポートを読めばおこなった調査の再現が可能なように書きます。方法を記述する際の時制は、サンプルレポートに挙げているように、過去形を基本とします。あなたが実験したことは、レポートを書く時点からすると過去のことになっているからです。

レポートは人にものを伝える文章ですから、あなたが書いた文章の読者を想定することは必要です。卒業論文や学術論文は、あなたの調査内容をまったく知らない人が読むことを想定して書くものです。しかし、授業でのレポートの場合、実験内容が既にわかっている担当教員や、同じグループで実験をしたメンバーを想定して、一緒に調査に行ってわかっているだろうからここの部分はいらないや、と省きすぎると不十分な内容になりがちです。大学のレポートは、卒業論文のトレーニングという意味も兼ねています。ですから、レポート用紙に与えられている分量を考慮しつつ、情報の過不足のないように書きましょう。

フィールドワークの場合は、室内実験ではあまり重要視されていない、調査をおこなった季節と場所をこの項目に明記する必要があります。採集の年月日や場所がある程度特定できる具体的な情報を書きましょう。例えば、犬上川で生物の調査をおこなったとしても、上流か下流かで大きく環境が違います。調査した場所の記録がないと、将来追加の調査をしたい時に、目的の生物が見つからない可能性があります。近年では、スマートフォンなどにも装備できる簡易な機能(GPS：Global Positioning Systemなど)を使って、経緯度情報をすぐに入手することができます。フィールドワークの時には持参し、位置情報を記録しましょう。

本調査は平成26年10月10日19時～20時、カレーハウス「C」、〇〇支店(北緯35度16分、東経136度15分)で行った。

鹿カレーの場合でも、滋賀県内のカレーハウス「C」全店で同じメニューを出しているわけではありません。誰かがもし同じ食味調査をしようとして別の支店に行ったら、目的のメニューがなくて調査ができないことになります。

| 4月10日、犬上川で調査を行った。 |
|---|

　このような書き方では、犬上川のどこで調査しましたか？　上流ですか下流ですか？　と聞き返されるのは明らかです。経緯度データを記載するか、もしくは、〇〇橋付近、など、何らかの形で位置を特定できる情報を加えましょう。また、調査の内容によっては時間帯やその日の天候も加えたほうが望ましいです。たとえば、河川の水質は午前と午後で値が異なる場合があります。

| 平成26年4月10日15時～16時（小雨）、大君ヶ畑キャンプ場付近の犬上川右岸において調査を行った。 |
|---|

　調査法に関しても、結果に影響を与える可能性がある変数はすべて書き込みます。

| メニューから鹿肉を含む「近江日野産天然鹿カレー」を選び注文した。ごはんの量は普通盛り（一人前300ｇ）とし、カレーの辛さは普通（一般的な中辛程度）とした。得られたカレーより目視で確認できる内容物の重量を計測した後、食味試験を行った。 |
|---|

　たとえば、カレーの食味試験では、メニューの中で複数ある鹿肉カレーからどれを選んだかを書くのは必須です。ごはんの量やカレールーの辛さが味に影響を与えるかもしれません。ここでも数値データは可能な限り入れます。正式な学術論文には、調査に用いた

測定機器の型番や発売元の会社名も必要です。

| 落ちているゴミを集めて数えた。 |
|---|

調査法のところに書かれているのがこれだけでは、得られた結果の解釈も不明確となる上、もし他の人が同じ調査をしようと思ってもどうしていいのかわかりません。例えば、以下のように情報を追加しましょう。

| ５人がそれぞれ30分かけて調査を行った。素手、もしくはトングを用いて、目視で確認できるゴミを集めた。ゴミの種類（小型プラスチックごみ、大型プラスチックごみ、金属ごみ、食品廃棄物）ごとに分類し集計した。 |
|---|

５）結果

観察、実験等により得られた事実を客観的に述べましょう。ここでものをいうのが、調査で記録した数値データです。調査の時からこのことを想定し、いいレポートが書けるように調査を進めてください。結果を記述する際に重要なのは、問題提起に対する答えが書かれており、整合性がとれていることです。調査結果があらかじめ予想された答えでなくてもまったく構いません。また、自分の意見や解釈はここには書いてはいけません。ただし、「結果」と「考察」の項目が一緒になって「結果と考察」となっている場合は、その限りではありません。

結果を記述する際の時制は、方法と同様に過去形を基準とします。しかし、普遍的な真実（例えば、ニホンジカが、ウシ亜目 Ruminantia、シカ科 Cervidae の生物であること）については現在形で書くこともあります。

一人前の「近江日野産天然鹿カレー」には、タマネギおよびニンジンなどとともに、鹿肉6片（一片30＋3g）が用いられていた。目視では鹿肉と牛肉との判別は困難であった。しかし、鹿肉の食味は牛肉とは異なり、より歯ごたえがありあっさりした味わいであった。

もし、レポートに図表を入れてもよい場合は、積極的に利用しましょう。図表は（図1）、（表2）などのように引用を入れて本文中の記述と対応させます。同じデータを図と表の両方で示すことはせず、どちらか一方を選んで使います。写真を掲載する場合は、現地で対象物の写真を撮る時にものさし、ペンなど、大きさがわかるものを一緒に写します。写真の撮り方についてはP.51のコラム3を参考にしてください。

犬上川の上流と下流で採集した生物から、指標生物として該当するものを選び出し、生物学的水質判定を行った。犬上川上流域では、カワゲラ（図1）など、水質階級Ⅰに該当する生物が採集されたが、Ⅱ、Ⅲ、Ⅳに該当する生物はみられなかった（表1）。このことから、上流域の水質は良好であると判断した。一方、下流域では水質階級Ⅰ～Ⅳのすべての指標生物が観察され（表1）、生物学的水質判定は困難であった。

図1　犬上川上流の大君ヶ畑付近で観察されたカワゲラ

表1　犬上川流域で観察された指標生物

| 水質階級 | 汚れの程度 | 上流域 | 下流域 |
|---|---|---|---|
| Ⅰ | きれいな水 | カワゲラ（5）、サワガニ（2） | カワゲラ（1）、サワガニ（2） |
| Ⅱ | 少し汚れた水 | なし | カワニナ（3） |
| Ⅲ | 汚れた水 | なし | タニシ（4） |
| Ⅳ | 大変汚れた水 | なし | アメリカザリガニ（1） |

（　）には個体数を示した。

### 6）考察（議論）

「結果」に示されたことを解釈するとともに、参考となる文献などからの情報も加えて、導かれた結論に説得力を与える項目です。自分が実験・調査で得た結果が予想通りだった場合は、自分の調査とは別の情報源（文献など）を加えてその支持を裏打ちします。もし、結果が予想と異なった場合でも心配することはありません。予想に反する結果を得た理由を推察し記載します。「感想」ではなく「考察」になるように、根拠を示して理論的に書きましょう。文中で「調査結果」と「レポートを書くあなたの意見」ははっきり区別できるように工夫しましょう。

> 本調査により、鹿肉のカレーは従来日本で主に食されている牛、豚、鶏のいずれとも異なる好ましい味わいがあることが判明した。鹿肉は前処理が難しいとされているが[2)]、適切な処理により食材としての活用が可能であることが示された。本調査では中辛程度のカレーを合わせて食味試験を行ったが、辛口および甘口カレーを用いた食味調査も今後望まれる。

「鹿肉は前処理が難しいとされている」のは、フィールドワーク後の文献調査で判明した情報です。このように、調査の後、意見をまとめ、レポートを書き進めながら、自分の意見や理論を支持してくれる文献を追加していきます。

緒言と考察は研究者の考えがもっとも反映される項目で、論文の華ともいえる部分です。したがって、緒言のところでも述べましたが、緒言と考察を書くのがもっとも時間がかかります。ある事項を緒言に入れるのか考察に入れるのか、判断に迷う場合があります。これは、全体を推敲する過程で、文章のつながりからよく考えて決めましょう。

> 本調査を行ったカレーハウス「C」では滋賀県内の10店舗で「近江日野産天然鹿カレー」を提供している。また、これ以外にも「鹿肉の竜田揚げカレー」などを滋賀県内の他店舗で取り扱い、好評を博している。鹿肉料理は滋賀県発の新しい食材として今後全国への展開が期待される。

この項目の最後には「締めの一文」を入れて、この調査・レポートの意義をアピールして締めくくります。

長いレポートでは、調査の意義付けを「おわりに」「まとめ」「結論」などの独立した項目として、考察の後に付け加えます。この調査で得られた知見をまとめるとともに、この分野において今後解決すべき課題を列挙したり、将来の展望について記述したりする場合もあります。

7）謝辞

この調査を遂行する際にお世話になった人に謝辞を書きます。通常は引用文献の前に入れます。公的な形でご協力いただいた場合は、その人の所属も書きます。

> 本稿を執筆するにあたり、貴重なご助言をいただいたK.T.氏（O山林組合、多賀町）に深く御礼申し上げます。

8）引用文献の書き方

引用文献の書き方については、書式が定められている場合、それに従います。誰かがこの文献に興味を持った時に間違いなく探せるように、著者名、発行年、論文タイトル、雑誌名、巻号、掲載ページ番号を記載します。

レポートのどの部分がほかの文献からの引用であるかわかるよう

に書きます。サンプルレポートの場合は、1）が一番後ろについている文章が、インターネットサイト「滋賀県特定鳥獣保護管理計画（ニホンジカ）」からの引用であることを示しています。インターネット情報の場合は、サイトから消されてしまう可能性があるので、閲覧日を書きます。

あまり古い文献を参考にすると、社会情勢の変化などにより内容が現状から著しくかけ離れたり、その後の研究の展開により情報が陳腐化している場合があります。できるだけ新しい文献を引用しましょう。文献などの情報の探し方については、第４章を参照してください。他のレポートや論文が引用している文献を確認せずに引き写す、いわゆる孫引きは、もし引用文に間違いがあったらそのまま継承してしまいます。必ず原典を見て確認するように習慣付けましょう。

### レポートとしての体裁を整える

ここまで書けたら、レポートは一通りの情報を含んでいるはずです。必ず全体を自分で読み返し、ストーリーが明確なレポートが作成できたかどうかを評価してください。

提出するレポートには必ず名前を書きましょう。レポートが複数枚に渡っている場合は、表紙ページを作成し（表紙を必要としない場合もあります）、学部学科、学年、学籍番号、名前、授業名と担当教員の名前、日付を入れます。日付はレポートを書いた日、もしくは提出日です。提出日は必ず守りましょう。

### 文章と箇条書きの使い分け

レポートでは、基本的に文章で説明するように心がけましょう。

学術論文の場合、雑誌の種類によっては、要旨の項目のみ箇条書きで書くことが推奨されている場合があります。しかし、本文中で箇条書きを用いると、文章同士のつながりがわかりにくくなるため、よくありません。

## レポートを書く上でやってはいけないこと

●コピペ・丸写し

引用文献を挙げずに文章を流用（いわゆるコピー＆ペースト、コピペ）したり、他の人のレポートを丸写しすることは盗作と同じで、やってはならないことの一つです。しかし、あえて擁護すると、論文には確かに「型」があり、一般的な事項の説明は誰が書いてもさほど変わらないという側面があります。関連分野の文章を読むと、引きずられて似たような文章を書いてしまうこともあります。しかし、ここがコピペに流れるか、その道の第一人者になれるかの分かれ道といえます。複数の引用文献を比べて組み合わせることにより、自分のフィールドワーク内容を的確に説明できるオリジナルの文章を考えるよう努力してください。そのためには、ふだんから他の人の論文などを数多く読んで、ボキャブラリーを増やしていくことが必要です。

●データの捏造

やってもいない調査をやったことにしたり、画像処理ソフトを使って適当にデータを作ってレポートを書く。これはいわゆる捏造（ねつぞう）と呼ばれ、読者を欺く行為です。フィールドワークなどの授業レポートでも、このような不正行為を行うのは断じて許されることではありません。

## レポートを形にするために

この本では、レポートに必要とされる項目を列挙し、「タイトル」から順番に説明してきましたが、これは、実際にこの順番に書くという意味ではありません。思いついた事項をまずランダムに書き出し、どの項目に当てはまるか並べ変えていく方法を勧めます。KJ法は、付箋紙などに思いついた事項を断片的に書き出し、段階を追って整理していくことで組み立てを行う手法です。この過程で頭の中が整理されるという側面があり、レポートを書く際にも利用できます。最初は完成度が低くてもよいので、このような方法で下書きを作り、それから推敲を重ねていきます。また、要旨は、レポート本文を書く前に書いて内容を整理する手法と、書きあがったレポートから鍵になる文章を抜きだし、組み合わせて作る手法の二通りがあります。どちらでも構いません。

調査や研究には熱心に取り組むが、レポートや論文がどうしても書けないという人がいます。このような人の多くは、人から批判を受けるのが嫌だ、というタイプに属するらしいです。しかし、繰り返しますが、フィールドワークはレポートを書いて提出することで完結します。これは、研究活動でも同じで、最終的に卒業論文や学術論文を出すことが求められます。調査や研究の結果を文章でまとめられない人は、何一つまとまった仕事を残せないに等しいことを肝に銘じてください。

（原田英美子・浦部美佐子）

**【レポートの書き方の参考資料としてもお勧めです】**

石井一成（2011）『ゼロからわかる　大学生のためのレポート・論文の書き方』ナツメ社.

近雅博（2009）「発表①レポートの書き方」,『フィールドワーク心得帖（上）』pp.49-59, 滋賀県立大学フィールドワーク研究会, サンライズ出版.

酒井聡樹（2007）『これからレポート・卒論を書く若者のために』共立出版.

酒井聡樹（2006）『これから論文を書く若者のために　大改定増補版』共立出版.

常見陽平（2012）『大学生のための「学ぶ」技術』主婦の友社.

**【謝辞】**

本稿を執筆するにあたり、滋賀県の獣害対策と鹿肉入りカレーに関して貴重なご助言をいただいた川森慶子氏（㈱アドバンス、滋賀県長浜市）に深く御礼申し上げます。

■執筆者（掲載順）

| | |
|---|---|
| 香川　雄一 | 滋賀県立大学環境科学部環境政策・計画学科 |
| 林　　宰司 | 滋賀県立大学環境科学部環境政策・計画学科 |
| 伴　　修平 | 滋賀県立大学環境科学部環境生態学科 |
| 小野　奈々 | 和光大学現代人間学部現代社会学科 |
| 村上　修一 | 滋賀県立大学環境科学部環境建築デザイン学科 |
| 増田　清敬 | 滋賀県立大学環境科学部生物資源管理学科 |
| 中西　康介 | 国立環境研究所生物多様性領域特別研究員 |
| 高柳　英明 | 東京都市大学都市生活学部 |
| 堂満　華子 | 滋賀県立大学環境科学部環境生態学科 |
| 倉茂　好匡 | 滋賀県立大学名誉教授 |
| 松本　健一 | 東洋大学経済学部 |
| 原田英美子 | 滋賀県立大学環境科学部生物資源管理学科 |
| 浦部美佐子 | 滋賀県立大学環境科学部環境生態学科 |


滋賀県立大学 環境ブックレット7
**フィールドワーク心得帖［新版］**

2015年３月30日　第１版第１刷発行
2024年５月30日　第１版第６刷発行

編集……………………滋賀県立大学環境フィールドワーク研究会

企画……………………滋賀県立大学環境フィールドワーク研究会
〒522-8533滋賀県彦根市八坂町2500
tel 0749-28-8301　fax 0749-28-8477

発行……………………サンライズ出版
〒522-0004滋賀県彦根市鳥居本町655-1
tel 0749-22-0627　fax 0749-23-7720

印刷・製本……サンライズ出版


ISBN978-4-88325-562-7 C1340
定価は表紙に表示してあります

# 刊行に寄せて

滋賀県立大学環境科学部では、1995年の開学以来、環境教育や環境研究におけるフィールドワーク（FW）の重要性に注目し、これを積極的にカリキュラムに取り入れてきました。FWでは、自然環境として特性をもった場所や地域の人々の暮らしの場、あるいは環境問題の発生している現場など野外のさまざまな場所にでかけています。その現場では、五感をとおして対象の性格を把握しつつ、資料を収集したり、関係者から直接話を伺うといった行為を通じて実践のなかで知を鍛えてきました。

私たちが環境FWという形で進めてきた教育や研究の特色は、県内外の高校や大学などの教育関係者だけでなく、行政やNPO、市民各層にも知られるようになってきました。それとともに、こうした成果を形あるものにして、さらに広い人々が活用できるようにしてほしいという希望が寄せられています。そこで、これまで私たちが教育や研究で用いてきた素材をまとめ、ブックレットの形で刊行することによってこうした期待に応えたいと考えました。

このブックレットでは、FWを実施していく方法や実施過程で必要となる参考資料を刊行するほか、FWでとりあげたテーマをより掘り下げて紹介したり、FWを通して得た新たな資料や知見をまとめて公表していきます。学生と教員は、FWで県内各地へでかけ、そこで新たな地域の姿を発見するという経験をしてきましたが、その経験で得た感動や知見をより広い方々と共有していきたいと考えています。さらに、環境をめぐるホットな話題や教育・研究を通して考えてきたことなどを、ブックレットという形で刊行していきます。

環境FWは、教員が一方的に学生に知識を伝達するという方式ではなく、現場での経験を共有しつつ、対話を通して相互に学ぶというところに特色があります。このブックレットも、こうしたFWの特徴を引き継ぎ、読者との双方向での対話を重視していく方針です。読者の皆さんの反応や意見に耳を傾け、それを反芻することを通して、新たな形でブックレットに反映していきたいと考えています。

2009年９月

滋賀県立大学環境フィールドワーク研究会

## 好評既刊

滋賀県立大学環境ブックレット1
### 琵琶湖のゴミ
取っても取っても取りきれない
倉茂好匡 著　本体800円＋税

総延長300mの湖岸に5ヶ月で5万個ものゴミが漂着。最も多いゴミは何か。湖上や湖底にも大量にあるのか。漂着ゴミを毎日調査した結果、見えてきたものとは。湖岸清掃では解決しないゴミ問題を平易に語る。

滋賀県立大学環境ブックレット4
### 環境と人間
生態学的であることについて
迫田正美 著　本体800円＋税

「環境と人間」のありうべき関係とは？　現代の生活行為にふさわしい新たな生活景を発見し、創造するために、基本的な論点をいくつか提示する。

滋賀県立大学環境ブックレット5
### 環境科学を学ぶ学生のための科学的和文作文法入門
倉茂好匡 著　本体800円＋税

自分の文章の、どこが、なぜダメなのか？「論文の書き方」についての本を読む前に、初歩の初歩を学ぶためのビギナー向け入門書。

滋賀県立大学環境ブックレット6
### 昔ここは内湖やったんよ
記憶に残る小中の湖と人々の営み
松尾さかえ、井手慎司 著　本体800円＋税

干拓される前の「小中の湖」とはどのような湖だったのか。当時の様子を知る周辺集落の古老に聴き取り調査を行った結果を基にかつての姿を浮かび上がらせる。